高等学校教材

有机化学实验

孙才英 于朝生 主编

李 斌 主审

YOUJI
HUAXUE
SHIYAN

化学工业出版社

·北京·

本书第 1 章为有机化学实验一般知识，第 2 章为有机化学实验技术和基本操作，第 3 章为单元反应与有机物的制备，包括 39 个独立的有机合成实验和 4 个天然产物活性成分提取实验，为方便验证，部分合成实验给出了产物的红外光谱图，第 4 章为有机化合物官能团检验与元素定性分析。本书设计实验时以绿色环保为宗旨，尽可能以小量的药品、小规格的仪器，训练常量实验的技能。

本书可供高等院校化学化工类、农林类等专业的本科生使用，也可供从事相关专业实验的人员参考使用。

图书在版编目（CIP）数据

有机化学实验/孙才英，于朝生主编. —北京：化学工业出版社，2015.6（2022.9重印）
高等学校教材
ISBN 978-7-122-23869-6

Ⅰ.①有…　Ⅱ.①孙…②于…　Ⅲ.①有机化学-化学实验-高等学校-教材　Ⅳ.①O62-33

中国版本图书馆 CIP 数据核字（2015）第 093796 号

责任编辑：宋林青　　　　　　　　　　装帧设计：史利平
责任校对：王素芹

出版发行：化学工业出版社（北京市东城区青年湖南街 13 号　邮政编码 100011）
印　　装：北京机工印刷厂有限公司
787mm×1092mm　1/16　印张 9½　字数 227 千字　2022 年 9 月北京第 1 版第 4 次印刷

购书咨询：010-64518888　　　　　　售后服务：010-64518899
网　　址：http://www.cip.com.cn
凡购买本书，如有缺损质量问题，本社销售中心负责调换。

定　　价：29.80 元

前　言

　　有机化学实验是化学教学中重要的组成部分，与理论课教学紧密相连。编者在有机化学实验教学工作中，不断积累经验，吸取教训，使教学内容不断丰富、翔实。本书特点是以尽可能少量的药品、小规格的仪器，训练常量实验的技能。实验药品用量，固体为 1～10g（主要为 1～5g），液体为 1～10mL（主要为 1～5mL）；相应反应仪器容量为 10～50mL，主要是 25mL。这样不但节省药品，缩短反应时间，减少能耗，而且仪器轻巧，易于操作，符合节能减排、低碳环保、绿色实验的时代要求。通过对本书的学习，可以加深对有机化学基础理论、基本知识的理解，正确和熟练地掌握有机化学实验技能和基本操作，提高有机化合物的合成水平。

　　本书第 1 章为有机化学实验的一般知识，主要学习实验室规则，安全知识，常用玻璃仪器简介、保养及使用注意事项，实验记录、实验报告的基本格式要求等内容。第 2 章为有机化学实验技术和基本操作，主要学习有机化学实验基本操作、能量传递、物料转移、有机化合物分离提纯原理和方法以及有机物物理性质检测手段等。第 3 章为单元反应与有机物的制备，介绍了重要有机合成反应及相应有机化合物的具体合成方法及一些天然产物有效成分的提取过程，包括 39 个独立的有机合成实验和 4 个天然产物活性成分提取实验，其中某些合成实验可以首尾相连，构成难度较大的多步骤有机合成实验。为方便验证，部分合成实验给出了产物的红外光谱图。第 4 章为有机化合物官能团检验与元素定性分析，介绍了有机化合物中常见元素的定性检验及主要官能团的简易化学鉴定方法。书后附录介绍了常用试剂及常见有机化合物物理常数等内容。

　　本书第 1 章和第 2 章由孙才英编写，第 3 章和第 4 章由于朝生编写。在编写过程中得到了东北林业大学理学院化学化工系有机化学教研室全体教师和实验人员的大力支持与帮助，在此对他们表示衷心的感谢。全书由孙才英统稿，李斌教授审阅。

　　为方便教学，我们对本书中典型的基本操作实验、合成实验、天然产物提取实验配备了多媒体课件，使用本书作教材的院校可以向出版社免费索取，songlq75@126.com。

　　本书由东北林业大学化学工程与工艺重点专业资助，特此感谢！

　　由于编者水平有限，书中疏漏之处在所难免，希望读者批评指正。

编者

2015 年 3 月

目 录

第1章 有机化学实验的一般知识

1.1 有机化学实验室规则和安全知识

1.1.1 实验室规则

为了确保有机化学实验安全、正确地进行，培养学生良好的实验习惯和严谨的科学态度，学生必须遵守以下规则。

① 学生进实验室后首先要了解实验室内水、电、煤气的开关位置和放置灭火器材的地点及其使用方法。

② 实验前必须认真预习实验内容，写好预习报告。

③ 实验过程中应保持桌面清洁整齐，有条不紊。要认真操作，仔细观察，详细记录，不得擅自离开。

④ 实验中固体废物（如火柴杆、废纸等）和废液（如废酸、废碱及废有机溶剂等）不得乱丢或乱倒。固体废物应放入废物箱中，废液要倒入指定的废液缸内，应养成良好的实验习惯。

⑤ 尊重教师的指导，严格按照实验中规定的药品规格、用量和步骤进行实验。若要更改，须征得指导教师同意后方可实施。

⑥ 爱护实验仪器。自管仪器用后必须洗净，妥善收藏，公用仪器用后放回原处。仪器若有损坏要及时办理登记、补领手续。公用药品不得任意挪动，用后立即盖好，注意节约使用。

⑦ 实验结束后须经教师全面检查，待教师在实验本上签字后才能离开实验室。

⑧ 值日学生在实验结束后，负责打扫实验室，复原公用仪器的位置，关闭水、电、煤气开关总阀，由教师检查后方可离去。

1.1.2 常见事故的预防和处理

1.1.2.1 火灾的预防和灭火

在有机化学实验中，常用的有机溶剂大多数是易燃的，而且多数有机反应往往需要加热，因此在有机化学实验中防火就显得十分重要。要预防火灾的发生必须注意以下几点。

① 实验装置安装一定要正确，操作必须规范。

② 在使用和处理易挥发、易燃溶剂时不可将其存放在敞口容器内，要远离火源。加热时必须采用具有回流冷凝管的装置，且不能用直接火加热。

③ 在距明火 1m 范围内不可将可燃溶剂从一个容器倒入另一个容器。也不允许将可燃液体随便倒入水槽，因为其蒸气有可能散发到明火处。

④ 实验室内不得存放大量易燃物。一旦发生火患，一定要沉着、冷静。首先要关闭煤

气，切断电源，然后迅速移开周围易燃物质，再用石棉布覆盖火源或用灭火器灭火。当衣服着火时，应立刻用石棉布覆盖着火处或赶快脱下衣服，火势大时，应一面呼救，一面卧地打滚。

1.1.2.2　爆炸事故的预防

如实验中发生爆炸其后果往往是严重的。为了防止爆炸事故的发生，一定要注意以下事项。

① 仪器装置应安装正确，常压或加热系统一定要与大气相通。

② 在减压系统中严禁使用不耐压的仪器，如锥形瓶、平底烧瓶等。

③ 在蒸馏醚类化合物（如乙醚、四氢呋喃等）之前，需要检查是否有过氧化物存在。如果有过氧化物存在，必须先除去，再进行蒸馏，但是蒸馏时切勿蒸干。

④ 在使用易燃易爆物（如氢气、乙炔等）或遇水会发生剧烈反应的物质（如钾、钠等）时，要特别小心，必须严格按照实验规定操作。

⑤ 对反应过于剧烈的实验，应引起特别注意。有些化合物因受热分解、体系热量和气体体积突然猛增而发生爆炸，对这类反应，应严格控制加料速度，并采取有效的冷却措施，使反应缓慢进行。

1.1.2.3　中毒事故的预防

① 反应中产生有毒或腐蚀性气体的实验，应在通风橱内进行，而且应装有吸收装置，实验室要保持空气流通。

② 有些有毒物质易渗入皮肤，因此不能用手直接拿取或接触化学药品，更不准在实验室内吃东西。如果有毒或腐蚀性化学药品迸溅到皮肤上，应该立即用大量水冲洗。应特别注意不要让有毒药品接触伤口。

③ 剧毒药品应有专人负责保管，不得乱放。使用者必须严格按照操作规程进行实验。

④ 嗅闻化学品要谨慎从事，用手轻轻将气体拂向自己。

⑤ 洒落或溅出的化学品应该立即清除，拖延时间可能会造成其蒸气中毒、台面损坏、较难清除等后果。如果将汞溅落，要尽可能收回，无法收回的少量汞，可以撒上硫黄粉充分混合，使其转化成无毒的硫化汞后扫去。

实验中如有头晕、恶心等中毒症状，应立即到空气新鲜的地方休息，严重的应马上送医院。

1.1.2.4　化学灼伤

强酸、强碱和溴等化学药品触及皮肤均可引起烧伤，因此在使用或转移这类药品时要十分小心。如果被酸、碱或溴灼伤，应立即用大量水冲洗，然后再用以下方法处理。

① 酸灼伤　皮肤灼伤可用5％碳酸氢钠溶液洗涤；眼睛灼伤可用1％碳酸氢钠溶液清洗。

② 碱灼伤　皮肤灼伤用1％～2％醋酸溶液洗涤；眼睛灼伤用1％硼酸清洗。

③ 溴灼伤　应立即用酒精洗涤，然后涂上甘油或烫伤油膏。灼烧严重的经急救后应速送医院治疗。

1.1.2.5　割伤和烫伤

在玻璃工操作或使用玻璃仪器时，因操作或使用不当，常会发生割伤。要预防割伤，玻璃工操作一定要规范，玻璃仪器使用要正确。如果被割伤，应先要取出玻璃碎片，用蒸馏水或双氧水洗净伤口，然后涂上红药水，再用消毒纱布包扎。严重割伤，大量出血，应在伤口上方用纱布扎紧或按住动脉防止大量出血并立即送往医院医治。

在玻璃工操作中最容易发生烫伤，要预防烫伤，切勿用手去触摸刚加热过的玻璃管（棒）以及玻璃仪器。若发生烫伤，轻者涂烫伤膏，重者涂烫伤膏后立即送往医院。

1.2　有机化学实验常用玻璃仪器简介和保养

1.2.1　使用玻璃仪器须知

① 玻璃仪器易碎，使用时要轻拿轻放。

② 玻璃仪器中除烧杯、烧瓶和试管外都不能用直接火加热。

③ 锥形瓶、平底烧瓶不耐压，不能用于减压系统。

④ 带活塞的玻璃器皿（如分液漏斗等）用过洗净后在活塞和磨口间垫上小纸片，以防止黏结。

⑤ 温度计测量的温度范围不得超出其刻度范围，也不能把温度计当搅拌棒使用。温度计在使用之后应缓慢冷却，不能立即用冷水清洗，以免炸裂或汞柱断裂。

1.2.2　有机化学实验常用玻璃仪器

实验常用玻璃仪器分为两类，一类为普通玻璃仪器，另一类为标准磨口玻璃仪器。

1.2.2.1　普通玻璃仪器

目前在大部分学校中普通玻璃仪器都已被标准磨口仪器所取代，但有一些仪器还有一定用途，见图 1-1。

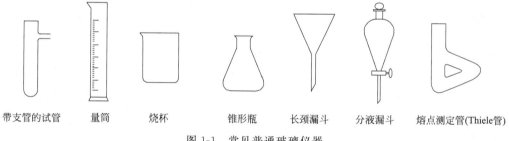

| 带支管的试管 | 量筒 | 烧杯 | 锥形瓶 | 长颈漏斗 | 分液漏斗 | 熔点测定管(Thiele管) |

图 1-1　常见普通玻璃仪器

1.2.2.2　标准磨口玻璃仪器

标准磨口玻璃仪器是具有标准磨口或标准磨塞的玻璃仪器。这类仪器具有标准化、通用化和系列化的特点，见图 1-2。

标准磨口玻璃仪器均按国际通用技术标准制造，常用的标准磨口规格为 10、12、14、16、19、24、29、34、40 等，这里的数字编号是指磨口最大端的直径（mm）。有的标准磨口玻璃仪器用两个数字表示，如 10/30，10 表示磨口最大端的直径为 10mm，30 表示磨口的高度为 30mm。相同规格的内外磨口仪器可以相互紧密连接，而不同的规格则不能直接连接，但可以通过大小口变口接头，使它们彼此连接起来。使用标准磨口玻璃仪器既可免去配塞子、钻孔等手续，又可避免塞子给反应带进杂质的可能，而且磨砂塞与磨口可紧密配合，密封性好。

使用标准磨口玻璃仪器时应该注意以下几点。

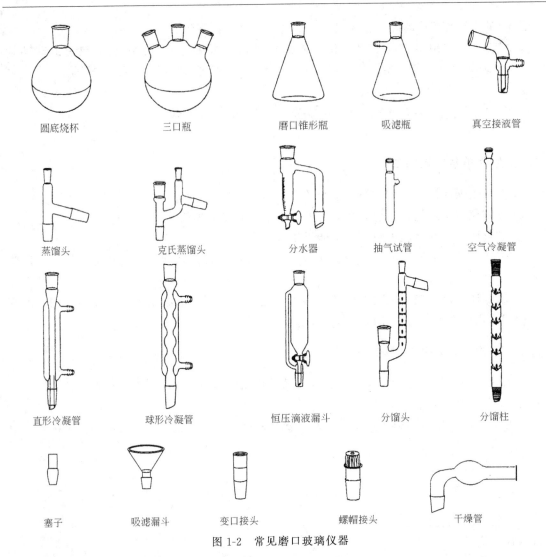

圆底烧杯　　　　三口瓶　　　　磨口锥形瓶　　　吸滤瓶　　　真空接液管

蒸馏头　　　克氏蒸馏头　　　分水器　　　抽气试管　　　空气冷凝管

直形冷凝管　　　球形冷凝管　　　恒压滴液漏斗　　分馏头　　　分馏柱

塞子　　　吸滤漏斗　　　变口接头　　　螺帽接头　　　干燥管

图 1-2　常见磨口玻璃仪器

　　① 磨口表面必须保持清洁，若沾有固体物质，可导致接口处漏气，同时会损坏磨口。

　　② 使用磨口仪器时一般不需涂润滑剂以免玷污产物，但在反应中若有强碱性物质时，则要涂润滑剂以防黏结。减压蒸馏时也要涂一些真空脂类的润滑剂。

　　③ 磨口仪器使用完毕后，应立即拆开洗净，以防磨口长期连接使磨口黏结而难以拆开。分液漏斗及滴液漏斗用毕洗净后，必须在活塞处放入小纸片以防黏结。

　　④ 安装仪器的方法要正确，首先选好主要仪器的位置，先下后上、从左到右（或从右到左）依次装配，磨口连接处要呈一直线，不能歪斜以免因力量集中而造成仪器的破损。

　　⑤ 在常压下进行反应的装置，要与大气相通，不能密闭。

　　⑥ 夹烧瓶或冷凝管的铁夹的双钳，应贴有橡胶或石棉布，或缠上石棉绳或布条等，以防将仪器夹坏。夹子夹得也不要太紧，以能旋动烧瓶或冷凝管为宜。

1.2.3　清洗仪器

　　仪器用毕后应养成立即清洗的习惯。清洗玻璃仪器的一般方法是把仪器和毛刷淋湿，蘸取肥皂粉、去污粉或洗涤剂，刷洗仪器内外壁，除去污物后，用清水洗涤干净。若要求洁净度较高时，可依次用洗涤剂、去离子水清洗。

1.2.4 仪器的干燥

在有机反应中，水的存在往往会影响反应的速度和产率，有些反应必须在无水条件下才能进行，因此仪器洗涤后常常要干燥。最简单的干燥是把仪器倒置，使水自然流下、晾干，也可将仪器放入烘箱或气流干燥器上烘干。若需要急用则倒尽仪器中的存水后，用少量95%乙醇或丙酮荡涤，把溶剂倒入回收瓶中后，用电吹风把仪器中存留的溶剂吹干。

1.3 实验预习、记录和实验报告基本要求

1.3.1 实验预习

实验之前学生必须进行预习，并写好预习报告，做到心中有数。

预习要求：明确实验目的，了解实验原理，领会实验步骤和注意事项；根据实验内容从手册或参考书中查出在实验过程中涉及的化合物的物理常数，其格式见表1-1。

表 1-1 常用化合物物理常数表

名称	相对分子质量(M)	相对密度(d)	熔点(mp)	沸点(bp)	溶解度(S)		
					水($S_水$)	乙醇($S_{乙醇}$)	乙醚($S_{乙醚}$)

1.3.2 实验记录

实验记录是研究实验内容、书写实验报告和分析实验成败的依据，因此实验时一定要记录实验的全过程。应仔细观察，认真思索，详细如实地记录时间、试剂级别、用量、反应温度、现象的变化以及产物的性态（性态即指液体还是固体，什么颜色，若是固体则指结晶形态等），每一个实验人员都要养成良好的实验记录习惯。建议实验记录的格式见表1-2。

表 1-2 实验记录格式

操作步骤	现象	注意事项

1.3.3 实验报告基本要求

实验报告是根据实验记录进行整理、总结，对实验中出现的问题从理论上加以分析和讨论，使感性认识发生飞跃提高到理性认识的必要手段。实验报告书写的内容有：反应原理；主要试剂用量及规格；主要试剂及产物的物理常数；仪器装置，实验步骤；实验记录；产物物理状态，产量，产率；最后总结讨论。

在有机化学反应中产率（或称百分产率）的高低和质量的好坏常常是评价一个实验的方法及考核实验者实验技能的重要指标。理论产量和产率的计算方法如下。

实际产量是指实验中实际得到的纯粹产物的数量，简称产量。理论产量是假定反应物完

全转化成产物，而根据反应方程式（按投料比摩尔数小的为基准物）计算得到的产物数量。在有机反应中，常因为副反应、反应不完全以及分离提纯过程中引起的损失等原因，实际产量总是低于理论产量。产率是指实际产量和理论产量的比值。

以乙酰苯胺的合成实验为例。

把 5mL（5.1g，0.055mol）苯胺、7.4mL（7.8g，0.13mol）冰醋酸以及 0.1g 锌粉（防止苯胺氧化）加热反应，经分离提纯得到乙酰苯胺 5g，试计算其产率。其反应方程式如下：

$$\text{（苯胺）}NH_2 + CH_3COOH \Longrightarrow \text{（苯胺）}NHCOCH_3 + H_2O$$

苯胺在反应中，按投料比，其摩尔数较小，因此在计算理论产量时以它为基准。乙酰苯胺相对分子质量为 135。

$$\text{理论产量} = 135 \times 0.055 = 7.4g$$

$$\text{产率} = \frac{5}{7.4} \times 100\% = 67.6\%$$

下面是一个合成实验的实验报告示例。

有机化学实验报告

实验名称：正溴丁烷的合成

目的要求：（1）了解从醇制备溴代烷的原理以及方法；

（2）初步掌握回流以及气体吸收装置和分液漏斗的使用方法。

反应式：
$$NaBr + H_2SO_4 \longrightarrow HBr + NaHSO_4$$

$$n\text{-}C_4H_9OH + HBr \xrightarrow{H_2SO_4} n\text{-}C_4H_9Br + H_2O$$

副反应：
$$CH_3CH_2CH_2CH_2OH \xrightarrow[\triangle]{H_2SO_4} CH_3CH_2CH=CH_2 + H_2O$$

$$2n\text{-}C_4H_9OH \xrightarrow[\triangle]{H_2SO_4} n\text{-}C_4H_9OC_4H_9\text{-}n + H_2O$$

$$2NaBr + 3H_2SO_4 \longrightarrow Br_2 + SO_2 + 2H_2O + 2NaHSO_4$$

主要试剂以及产物的物理常数见表 1。

表 1　实验用到的主要原料及产物的物理常数

名称	M	性状	d	mp/℃	bp/℃	S		
						$S_水$	$S_{乙醇}$	$S_{乙醚}$
正丁醇	74.12	无色透明液体	0.8097	−89.2	117.7	7.920	∞	∞
正溴丁烷	137.03	无色透明液体	1.299	−112.4	101.6	不溶	∞	∞

主要试剂用量及规格：

正丁醇　化学纯，2mL（0.022mol）；

浓硫酸　工业品，相对密度 1.84；

溴化钠　化学纯，2.8g（0.027mol）。

实验步骤及现象记录见表 2。

表 2　实验步骤及现象记录

步　骤	现　象	注意事项
（1）于 25mL 烧瓶中放 3mL 水＋3mL 浓 H_2SO_4，振摇冷却	放热，烧瓶烫手	注意 H_2SO_4 使用安全

续表

步　骤	现　象	注意事项
（2）＋2mL n-C$_4$H$_9$OH＋2.8gNaBr。振摇＋沸石	不分层，有许多 NaBr 未溶。瓶中已出现白雾状 HBr	加药品次序不能颠倒
（3）装冷凝管、HBr 吸收装置，石棉网小火加热 1h	沸腾，瓶中白雾状 HBr 增多，并从冷凝管上升，为气体吸收装置吸收。瓶中液体由 1 层变成 3 层，上层开始极薄，中层为橙黄色，上层越来越厚，中层越来越薄，最后消失。上层颜色由淡黄色变为橙黄色	加热速度不能过快，防止蒸气来不及冷凝而逸出
（4）稍冷，改成蒸馏装置，＋沸石，蒸出 n-C$_4$H$_9$Br	馏出液浑浊，分层，瓶中上层越来越少，最后消失，溶液棕黄色，澄清透明，冷却后蒸馏瓶冷却析出无色透明结晶（NaHSO$_4$）	准确判断终点
（5）① 粗产物用 2mL 水洗　　② 在干燥分液漏斗中用 2mL 浓 H$_2$SO$_4$ 洗涤　　③ 等体积水洗涤　　④ 等体积 10％Na$_2$CO$_3$ 洗涤　　⑤ 等体积水洗涤	① 上层浑浊，下层无色透明，经检验下层为产物　　② 起初出现三层，振荡后变为两层，下层略显黄色　　③ 两层均无色透明　　④ 两层交界处有些絮状物　　⑤ 两层均无色透明	每次检验有机层，防止倒错
（6）粗产物置 10mL 锥形瓶中，＋2g CaCl$_2$，塞好瓶塞干燥	粗产物有此浑浊，稍摇后透明	不时振摇
（7）产物滤入 25mL 蒸馏烧瓶中，＋沸石，蒸馏，收集 00～103℃馏分，产物外观，质量	无色透明馏出液，99℃以前馏出液很少，长时间稳定于 101～102℃。后升至 103℃，温度下降，瓶中液体很少，停止蒸馏无色液体，产物重 1.8g	

粗产物纯化过程及原理：

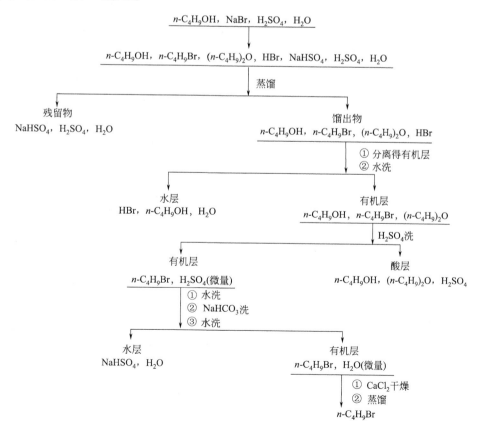

产率计算：

因其他试剂过量，理论产量应按正丁醇计算。0.022mol 正丁醇能产生 0.022mol 正溴丁烷，则 $m_{理}=n\times M=0.022\times 137=3.014g$。

$$产率=\frac{m_{产}}{m_{理}}\times 100\%=\frac{1.8}{3.014}\times 100\%=60\%$$

讨论：

(1) 醇能与硫酸生成锌盐，而卤代烷不溶于硫酸，故随着正丁醇转化为正溴丁烷，烧瓶中分成三层。上层为正溴丁烷，中层可能为硫酸氢正丁酯，中层消失即表示大部分正丁醇已转化为正溴丁烷。上、中两层液体呈橙黄色是由于副反应产生的溴所致。从实验可知溴在正溴丁烷中的溶解度较硫酸中的溶解度大。

(2) 蒸去正溴丁烷后，烧瓶冷却析出的结晶是硫酸氢钠。

(3) 由于操作时疏忽大意，反应开始前忘记加沸石了，使回流不正常，应停止加热，稍微冷却后，再加沸石继续回流，这样就使操作时间延长。这点应引起注意。

第2章 有机化学实验技术和基本操作

本章将系统介绍有机化学实验中较为常用的实验技术。其中部分内容可以安排独立的实验技术训练课，如蒸馏、减压蒸馏、熔沸点测定等，另外一些内容，如升华、折射率测定等可以结合具体的合成实验进行。对任何一项基本实验技术，只有搞清原理并反复运用之后，才可能很好地掌握。

2.1 有机化学实验中的物料计量与转移

在有机化学实验中常用的物料为液态或固态物质，本教材涉及的多数实验中物料用量范围是 $0.02\sim5g$（常用 $1\sim2g$）（固体）或 $0.5\sim10mL$（常用 $1\sim5mL$）（液体）。为了确保实验现象与结果的明显可靠，个别实验的试剂用量突破上述范围，而不刻意追求微型。

在化学实验中物质的计量及其误差是极为重要的问题，在分析化学课程中会进行系统深入的学习。不过在"微型有机化学实验"中亦应对"误差"给予足够的重视，因为毕竟我们现在所要处理的物料量比较少，而且还要定量。例如，某一实验中需称量 $0.5g$ 的物质。如果使用最小分度为 $0.2g$ 的天平，那么即使称量的绝对误差为 $0.2/2＝0.1g$，相对误差也达到了 $(0.1/0.5)\times100\%＝20\%$。显然称量的误差太大了。如果再考虑到在实验的各个环节中还会有物料损失，实验的最终结果恐怕就没有可信度而言了。一般来说，对于一名技术熟练的操作人员，有机化学实验结果（主要就合成实验而言）的误差可以控制在 5% 左右。这就要求计量仪器的精度能保证称量误差不高于 5%，一般为 2% 左右，太高的精度并无实际意义。

对于黏度不太大的液体，用移液管量取既方便又有较高的精度；对于体积较大而又不需要准确称量的液体物料（如溶剂、洗涤用溶液等），用量筒量取就可以了。值得一提的是，以前体积小于 $0.5mL$ 的液体只能用称重的方法准确计量，现在则可用具有适当容量的微量移液管快速而准确地量取，只是这类仪器较昂贵。要注意的是，将物质的体积换成质量时，要考虑温度对密度的影响。当取样温度与该物质的密度测定时的温度接近时，可以忽略温度的影响，否则应对密度进行校正或干脆直接改用称重法。对于黏度较大的液体，采用加热后再称重的方法计量误差较小。

固体物质的计量采用称重法。对于吸湿性大的物质，如无水三氯化铝、无水乙酸钾、氯化锌等，保持天平环境干燥和快速称量是提高称量准确度的最好方法。事实上，此时采用常规称量方法很难准确称量。

物料的转移——从一个容器转移到另一个容器，表面上看是一个不值得一提的简单问题，实际上它是实验误差的主要来源。因为任何转移物料的操作，不管是用移液管或滴管移取液体，还是将液体从一个容器倾入另一容器，都会有液体损失，至少会有一部分液体沾附于容器壁上，对于黏度大的液体，沾附相当严重，所以尽量减少转移步骤并尽可能减小容器的容积是减少转移误差的最简单和最有效的方法。此外也可以采用适当工具和方法，比如，转移少量液体时，用头部细长的滴管；转移黏度较大的少量液体时，先用低沸点的惰性溶剂稀释；转移低沸点液体时，事先将有关容器冷却等，都是简单而有效的方法。固体物料的转移较简单，重要的是操作要细心，做到肉眼可见的尽可能转移（因为附着在器壁上的固体物质绝大部分能用玻璃棒刮下）。但还是应尽可能采用一些简单有效的方法。如对固体物质进行吸滤操作时，如果吸干后的物料能成为一个完整结实的"滤饼"，那么转移时只需用洗耳球对布氏漏斗滤嘴内空腔加压就可一次性干净地转移物料，很少残留。如果再用一把不锈钢刮刀或玻璃刮刀刮去残余部分，效果会更好。

2.2　塞子钻孔和简单玻璃工技术

【实验目的】

(1) 熟悉塞子的配置和钻孔技术；

(2) 练习简单玻璃工操作。

【实验技术】

使用非标准磨口玻璃仪器进行实验时，仪器与仪器之间需要用塞子、玻璃管等用具连接起来，而滴管、玻璃棒、毛细管又是液体转移、搅拌及减压蒸馏不可缺少的器具，所以塞子的选择、钻孔以及玻璃管（棒）的切割、弯制和滴管、毛细管的制作都是有机化学实验中最基本的实验操作。

(1) 塞子配置及钻孔

① 塞子的选择

实验中常用的塞子有软木塞、橡皮塞和磨口玻璃塞。软木塞与有机物作用较小，但容易被

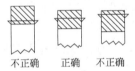

图 2-1　塞子的配置

酸、碱所损坏。橡皮塞可以把瓶口塞得很严密，且耐强碱性物质的侵蚀，但易被有机溶剂溶胀。磨口玻璃塞也能把瓶子塞得很严，但不能用于盛碱液的容器。除玻璃塞外，所选择的橡皮塞和软木塞的大小应与仪器的口径相适应，塞子进入仪器口径的部分应为塞子本身高度的 1/3～2/3，见图 2-1。所选择的软木塞表面不应该有裂纹和深孔，钻孔前要在压塞机内碾压紧密，以免在钻孔时塞子裂开。

② 塞子钻孔

钻孔的工具是钻孔器，见图 2-2，它是一套直径不同的金属管，一端有柄，另一端很锋利，最细的一个是实心铁杆，用来捅出钻孔时进入钻孔器中的橡皮或软木。塞子所钻孔径的大小，既要使玻璃管或温度计等能较顺利插入，又要保证插后不会漏气，因此要选择合适的钻孔器。软木塞钻孔时，钻孔器的口径略小于要插入的玻璃管的直径，橡皮塞钻孔则要选择口径略大于要插入的玻璃管的直径的钻孔器。

钻孔时，把塞子放在一块小木板上，小的一端朝上，钻孔器与塞面保持垂直，对准位置，略使劲将钻孔器向下向一个方向转动，不可强行推入，不要使钻孔器左右摇摆，不要倾斜。当钻孔至塞子高度的 1/3～1/2 时，把钻孔器按相反方向取出，用铁杆捅出钻孔中的塞芯，然后再从

图 2-2　钻孔器

塞子另一端对准原来的钻孔位置垂直把孔打通。必要时可用圆锉把孔道修理光滑或锉大一些。把玻璃管或温度计插入塞孔时，可把玻璃管或温度计略用水或甘油润湿，以增加润滑，将手握住玻璃管接近塞子的地方，均匀用力，慢慢旋入，握管的手不要离塞子太远，否则易

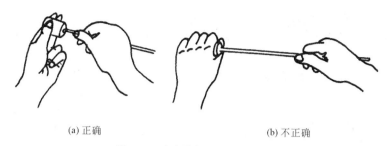

(a) 正确　　　　　　　　　　　　　(b) 不正确

图 2-3　玻璃管插入塞子的方法

折断玻璃管造成割伤事故，见图 2-3。

（2）简单玻璃工操作

① 玻璃管（棒）的截断

将洁净、干燥的玻璃管（棒）平放在桌面，用锉刀或小砂轮片或碎瓷片的边棱，在需要截断的地方垂直于玻璃管（棒）的方向，向一个方向锉一个稍深的凹痕，不能来回锉，否则锉痕多且锉刀易钝。两手握住玻璃管（棒），用大拇指顶住锉痕背面的两边，轻轻往前推，同时双手向两边拉，玻璃管（棒）即可平整断开，见图 2-4。玻璃管（棒）的断口处很锋利，有时还不平整，易划破橡皮管或割伤手，所以切割完毕应该在锉刀上磨一磨断口，或者在火焰上将断口烧圆。

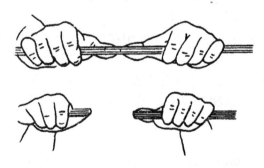

图 2-4　折断玻璃管的方法

② 搅拌棒和玻璃钉的制作

将切割好的玻璃棒两端分别在火焰上烧圆，在小火上退火后，放在石棉网上冷却，即成搅拌棒。退火，就是加工完的玻璃工制品，趁热在小火上烧一烧，慢慢移出火源的操作。退火可以减小玻璃制品因骤冷而产生的应力，避免当时炸裂或以后炸裂。所有的玻璃制品加工完后都应进行退火。做好的玻璃工制品应放在石棉网上冷却，不能直接放在桌面上，以防毁坏桌面。

将切割好的玻璃棒一端在火焰上烧红变软，垂直摁在石棉网上，使其成为钉帽形状。一次不成功，可继续再烧，重复第二次，直至成功。注意玻璃棒一定要垂直石棉网，倾斜会使钉帽偏向一侧。玻璃棒的另一端可以做成玻璃铲。将玻璃棒烧红变软，用平锉刀倾斜摁在石棉网上，使其成铲子状，一次不成功可重复操作。玻璃钉在抽滤过程中挤压溶剂时使用，玻璃铲用于从漏斗中往外刮固体。

③ 弯玻璃管

两手水平托住干燥洁净的玻璃管，在强火焰上灼烧，见图 2-5，边烧边均匀等速地向一个方向转动，当玻璃管变成橙红色时，移出火焰，顺着重力作用，两手轻轻向上施力，弯成一定角度，见图 2-6。注意用力不要大，速度不要快，否则有可能瘪陷或缠结。如果要弯成小的角度，可以在靠近烧过的部位再加热，进行弯曲，重复操作直到达到所需要的角度。弯好的玻璃管应在同一平面上，弯管处圆畅，管径变化不大。退火后放在石棉网上冷却。

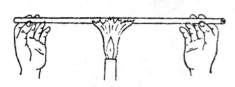

图 2-5　烧管手法

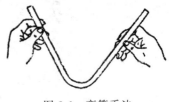

图 2-6　弯管手法

④ 拉玻璃管

拉玻璃管时加热方法与弯管时基本一样，不过要烧得更软一些，移出火焰后，沿水平方向向两边拉伸，到所需要的细度时，使玻璃管竖直下垂，冷却后按需要截断。拉细的玻璃管的轴心应该与原来的玻璃管相同。

制作滴管时，拉细的玻璃管外径为 2mm 左右。截取细端长度为 2～3mm，用小火烧圆细口，注意不要封死。粗端口用强火焰烧软，在石棉网上按一下，使其边缘外翻，冷却后安上胶帽即可使用。

拉制熔点管时，拉细的玻璃管外径为 1mm 左右，将细管截成 15cm 长的小段，两端熔封，封闭处应该尽量壁薄而没有细微小孔，以防渗漏。冷却后放在大试管中，准备以后测熔点用。用时从当中割断，即得两根熔点管。

沸点管包括内管和外管两部分。内管的粗细和熔点管相同，截成 10cm 左右的小段，一端熔封即可。外管的内径为 3～4mm，长 7～8cm，一端熔封。

减压蒸馏所用的毛细管也可以用这种方法制作。其细管直径不大于 1mm，越细越好，只要能通气就可以。细到一定程度，在使用时，粗管一端可以不用使用夹子控制进气量。

【实验内容】

(1) 搅拌棒和玻璃钉的制作

截取 15cm 长的洁净干燥的玻璃棒两根，其中一根的两端烧圆，当做搅拌棒；另一根的一端做成玻璃钉，另一端做成玻璃铲。

(2) 玻璃管作品的制作

① 滴管　截取长度为 30cm 的洁净干燥玻璃管一根，做成两根滴管。

② 弯玻璃管　截取长度为 15cm 的洁净干燥的玻璃管两根，分别弯成 120°、90° 角的弯管。

③ 拉制毛细管　截取长度为 15cm 的洁净干燥玻璃管 3 根，拉成 6 根减压蒸馏时使用的毛细管，拉好后，细管一端朝上放入烧杯内。

(3) 塞子钻孔

挑选两个在蒸馏头上合适的塞子，准备安插温度计和减压蒸馏时的毛细管，分别选择比温度计或毛细管粗管直径略大的钻孔器进行钻孔，然后将温度计或毛细管粗端用水或甘油润湿，小心插入钻好孔的塞中。可以用刚刚做好的搅拌棒代替温度计进行操作。

思　考　题

1. 如果在加热玻璃管进行弯曲或拉伸时，两手旋转用力不均，会出现什么结果？

2. 制作的玻璃工制品为什么要退火？什么叫退火？

3. 塞子钻孔时，怎样才能使钻孔器垂直于塞子的平面？

4. 在火焰上加热玻璃管时，怎样才能防止玻璃管拉歪？

5. 弯制好的曲玻璃管，如果立即和冷的物件接触，会发生什么不良后果？怎样才能避免？

6. 把玻璃管插入塞子孔道中时要注意什么？怎样才不会割破手？拔出来时怎样操作才会安全？

2.3　加热和冷却

有些有机反应在室温下进行很慢或不能进行，通常需要在加热条件下进行反应；而有些反应，由于反应非常剧烈，常常放出大量的热，使反应难以控制或副产物增多，因此要控制反应温度，使反应在较低的温度下进行。除此之外，有许多基本操作（如蒸馏、重结晶等）也需要加热或冷却。所以，加热与冷却是有机实验中最常用的技术。

2.3.1　加热

玻璃仪器如烧瓶、烧杯，不能直接用火加热，仪器容易因受热不均或温度剧烈变化而破裂。同时，由于局部过热，还可能导致化合物部分分解。如果要控制加热的温度，增大受热面积，使反应物质受热均匀，避免局部过热，最好用适当的热浴加热。

（1）水浴

加热温度不超过 80℃ 时，最好用水浴加热。可将盛物料的容器部分浸在水中，使水的液面高于容器内液面以受热均匀，注意不要使容器接触水浴锅底部，以免局部过热。调节火焰大小或电炉的功率，把水温控制在需要的范围以内。如果需要加热到 100℃ 可用沸水浴或水蒸气浴来加热。如欲停止加热，首先把浴底的火焰移开，再撤去水浴锅即可。

（2）油浴

加热温度为 100～250℃ 时，可用油浴。油浴的优点在于温度容易控制在一定范围内，容器内的反应物受热均匀。蒸馏或回流时容器内物料的温度一般要比油浴温度低 5～15℃。常用的油类有液体石蜡、植物油、硬化油（如氢化棉籽油）等。新用的植物油受热至 220℃ 时，往往因部分分解而冒烟，所以加热温度以不超过 200℃ 为宜，用久以后可加热到 220℃。药用液体石蜡可加热到 220℃，硬化油可加热到 250℃ 左右。

用油浴加热时，要注意安全，防止着火。当油的冒烟程度较大时应停止加热。万一着火，最重要的是要镇静，首先关闭煤气开关（或电源），再移去易燃物，然后再用石棉布盖住油浴口，火即可熄灭。油浴中应悬挂温度计，以便调节加热速度，控制温度。油浴中的油量不宜过多，要留有受热膨胀的空间。油浴中不能溅入水滴。

加热完毕后，把容器提离油浴液面，仍用铁夹夹住，悬于油浴上面。等附着于容器外壁上的油流完后，用纸和干布把容器擦净，再移走油浴锅。

（3）沙浴

要求加热温度较高时，可以使用沙浴。沙浴使用方便，可加热到 350℃。一般用铁盘或铁锅装沙，将容器半埋在沙浴中加热。沙浴的缺点是沙对热的传导能力差，沙浴温度分布不均匀，且不易控制。因此，容器底部的沙要薄些，使容器易受热；容器周围的沙要厚些，使热不易散失。沙浴中应插温度计，以控制温度；温度计的水银球应靠紧容器。使用沙浴时，桌面要铺石棉板，以防辐射热烤焦桌面。

（4）电热套

电热套是一种较好的热源，其最大的优点是方便、卫生、容易控制和安全。电热套的加热部分是用玻璃纤维包裹着的电热丝织成的窝状半圆形的加热器，有控温装置，可以调节温度。但玻璃丝纤维不能耐高温，一般电热套的加热温度在 300℃ 以内，不过这对有机制备已经足够了。由于电热套不像电炉那样明火加热，因此可以加热和蒸馏易燃有机物。使用电热套时要注意：电热套的容积大小与容器相匹配；不得让有机液体尤其是无机酸碱流到电热套中，否则会引起电阻丝腐蚀或短路，使电热套损坏。

（5）空气浴

沸点在 80℃ 以上的液体原则上均可以采用空气浴加热。所谓空气浴，就是利用空气进行间接加热。常用的方法就是用电炉直接进行加热。将容器悬在电炉之上，容器与电炉之间留有一定空隙，电炉的热量通过空气传给容器，这样可以使受热面增大，受热较均匀，但是其均匀程度不如油浴或电热套。空气浴常用于沸点较高、不易燃的液体的常压加热。

2.3.2　冷却

在有机化学实验中，有些反应以及分离、提纯过程要求在低温下进行，通常根据不同要求，选用合适的冷却方法。

（1）自然冷却

热的反应物在空气中放置一定时间，使其自然冷却。

（2）吹风冷却和流水冷却

当需要快速冷却时，将容器置于冷水流中冲淋或用吹风机吹冷风使其冷却。

（3）冷冻剂冷却

最简便和常用的冷却方法是将容器放在冷水浴中。如果需要冷却到室温以下，则可用冰水混合物作冷却剂，它的冷却效果优于单用碎冰，因为它与容器的接触面积大且导热效果更好。如果水的存在并不影响反应的进行，可以把碎冰直接投入到欲冷却的容器中，这是最有效的冷却方法。

如果需要把体系冷却在 0℃ 以下，常用碎冰和无机盐的混合物作冷却剂。制冰盐冷却剂时，应把盐研细，然后和碎冰按一定比例混合均匀，其配比见表 2-1。

表 2-1　冰盐冷却剂

盐　类	100 份碎冰中加入盐的质量份数	混合物能达到的最低温度/℃
NH_4Cl	25	−15
$NaNO_3$	50	−18
$NaCl$	33	−21
$CaCl_2 \cdot 6H_2O$	100	−29
$CaCl_2 \cdot 6H_2O$	143	−55

在实验室中，最常用的低温冷却剂是碎冰和食盐的混合物，它一般能达到的温度范围是 −18～−5℃。如果想达到更低的温度需要干冰（固体 CO_2）和乙醇、乙醚或丙酮的混合物

（-78～-50℃）；用液氮可获得更低的温度。必须指出，温度低于-38℃时，不能用水银温度计，因为低于-38.87℃，水银会凝固。对于低于-38℃的温度，应改用内装有机液体的低温温度计。

（4）回流冷凝

许多有机化学反应需要反应物在较长时间内保持沸腾才能完成。为了防止反应物以蒸气的形式逸出，常用回流冷凝装置，使蒸气不断地在冷凝管内冷凝为液体，返回反应器中。回流冷凝管一般用球形冷凝管，冷凝管夹套内自下而上通入冷水，使夹套内充满水，以水流速度能保持蒸气充分冷却即可。进行回流时，加热速度以蒸气上升的高度不超过冷凝管的1/3为宜。为了防止空气中的湿气侵入反应器或反应过程中有有害气体放出，可在冷凝管上口连接 CaCl₂ 干燥管或气体吸收装置，见图 2-7。回流装置有时也用在重结晶及固-液萃取等方面。

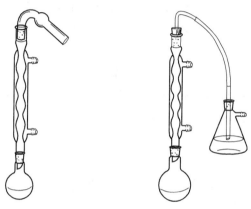

图 2-7　回流冷凝装置

2.4　搅拌与搅拌器

搅拌是有机制备的常用技术，它的目的是为了使反应物混合得更均匀，反应体系的热量容易散发和传导使温度分布更均匀，从而有利于反应的进行。特别是对非均相反应，搅拌是必不可少的操作。

搅拌的方法有三种：人工搅拌、机械搅拌和磁力搅拌。简单的，反应时间不长的，溶剂不宜挥发的，反应体系中放出的气体是无毒的实验可以用人工搅拌；比较复杂的，反应时间较长，溶剂较易挥发的，反应体系释放出有毒气体的实验要用后两种方法。

机械搅拌装置主要包括三个部分：电动机、搅拌棒和密封器。电动机是动力部分，固定在牢固的支架上。搅拌棒与电动机相连。当接通电源后，电动机就带动搅拌棒转动而实现搅拌。密封器是搅拌棒与反应器连接的装置，它的作用是既保证搅拌器能平稳转动，又能使反应器密封。搅拌棒的形状有多种多样，密封器也有好多种类型，详见实验室的陈列品。搅拌棒和密封器可以用玻璃或聚四氟乙烯材质制作。

恒速磁力搅拌器，可用于液体恒速搅拌，适用于反应器要求密封良好或装置较复杂的场合，具有使用方便，调速平稳，能自动恒速等优点。磁力搅拌器的型号很多，使用前请详阅使用说明书。

2.5　干燥与干燥剂

在有机化学实验中，有许多反应要求在无水条件下进行。如制备格氏试剂，在反应前要求卤代烃、乙醚绝对干燥；液体有机物在蒸馏前也要进行干燥，以防止水与有机物形成共沸物或由于少量水与有机物在加热条件下可能发生反应而影响产品纯度；固体有机化合物在测定熔点及有机化合物进行波谱分析前也要进行干燥，否则会影响测试结果的准确性。因此干燥在有机化学实验中既是非常普通又是十分重要的。

干燥方法可分为物理方法和化学方法。物理方法有加热、真空干燥、冷冻、分馏、共沸蒸馏及吸附等。此外，离子交换树脂和分子筛也常用于脱水干燥。离子交换树脂（如苯磺酸钾型阳离子交换树脂）是一种不溶于水、酸、碱和有机物的高分子聚合物。分子筛是多种硅铝酸盐晶体，因为它们内部都有许多空隙或孔穴，可以吸附水分子。加热后，又可释放出水分子，故可反复使用。化学方法是用干燥剂来进行脱水。干燥剂按其脱水作用可分为以下两类。

① 与水可逆地结合成水合物，如氯化钙、硫酸镁和硫酸钠等。

② 与水起化学反应，生成新的化合物，如金属钠、五氧化二磷和氧化钙等。

2.5.1　液体有机化合物的干燥

（1）利用分馏或形成共沸混合物去水

对于不与水生成共沸混合物的液体有机物，例如 CH_3OH 和 H_2O 的混合物，由于沸点相差较大，用分馏即可完全分开。

还可以利用某些有机物与 H_2O 形成共沸混合物的特性，在蒸馏过程中加入另一有机物，利用此有机物与 H_2O 形成最低共沸点的性质，在蒸馏时逐渐将 H_2O 带出，从而达到干燥的目的。例如，工业上制备无水 C_2H_5OH 的方法之一就是将苯加入 $95\%C_2H_5OH$ 中，利用 C_2H_5OH、H_2O 和 C_6H_6 三者形成共沸混合物的特性，经共沸蒸馏将 H_2O 除去。

（2）使用干燥剂脱水

① 干燥剂的选择

液体化合物的干燥，通常是将干燥剂直接加入其中，使之干燥，因而干燥剂不能与待干燥的物质发生任何化学反应或起催化作用，不溶于该液体中。例如酸性物质不能用碱性干燥剂。有的干燥剂能与某些待干燥的物质形成配合物，如 $CaCl_2$ 易与醇类、胺类化合物形成配合物，因而不能用来干燥这些物质。

在使用干燥剂时，还要考虑干燥剂的吸水容量和干燥效能。吸水容量是指单位质量干燥剂所吸收的水量；干燥效能是指达到平衡时液体被干燥的程度。对形成水合物的无机盐干燥剂，常用吸水后结晶水的蒸气压表示，例如，Na_2SO_4 能形成 10 个结晶水的水合物，吸水容量为 1.25，25℃时水蒸气压为 256.0Pa。$CaCl_2$ 最多能形成 6 个结晶水的水合物，吸水容量为 0.97，25℃时的水蒸气压为 26.7Pa。因此，Na_2SO_4 的吸水量较大，但干燥效能弱；$CaCl_2$ 吸水量较小但干燥效能强。所以在干燥含水量较多而又不易干燥的化合物时，常先用吸水量较大的干燥剂除去大部分水分，然后再用干燥效能强的干燥剂干燥。此外，选择干燥剂还要考虑干燥速度和价格。常用的干燥剂及各类有机物常用的干燥剂见表 2-2 和表 2-3。

表 2-2　各类有机物常用干燥剂

化合物类型	干　燥　剂
烃	$CaCl_2$、Na、P_2O_5
卤代烃	$CaCl_2$、$MgSO_4$、Na_2SO_4、P_2O_5
醇	K_2CO_3、$MgSO_4$、CaO、Na_2SO_4
醚	$CaCl_2$、Na、P_2O_5
醛	$MgSO_4$、Na_2SO_4
酮	K_2CO_3、$CaCl_2$、$MgSO_4$、Na_2SO_4
酸、酚	$MgSO_4$、Na_2SO_4
酯	$MgSO_4$、Na_2SO_4、K_2CO_3
胺	KOH、$NaOH$、K_2CO_3、CaO
硝基化合物	$CaCl_2$、$MgSO_4$、Na_2SO_4

表 2-3　常用干燥剂的性能与应用范围

干燥剂	吸水作用	吸水容量	效能	干燥速度	应用范围
$CaCl_2$	形成 $CaCl_2 \cdot nH_2O$ $n=1,2,4,6$	0.97（按 $CaCl_2 \cdot 6H_2O$ 计）	中等	较快,但吸水后表面为薄层液体所盖,故放置时间长些为宜	能与醇、酚、胺、酰胺及某些醛、酮形成配合物,因而不能用于干燥这些化合物。工业品中可能含 $Ca(OH)_2$ 和碱或 CaO,故不能用来干燥酸类
$MgSO_4$	$MgSO_4 \cdot nH_2O$ $n=1,2,3,4,5,6,7$	1.05（按 $MgSO_4 \cdot 7H_2O$ 计）	较弱	较快	中性,应用范围广,可以代替氯化钙,并可以干燥酯、醛、酮、腈、酰胺等不能用氯化钙干燥的化合物
Na_2SO_4	$Na_2SO_4 \cdot 10H_2O$	1.25	弱	缓慢	中性,一般用于有机液体的初步干燥
$CaSO_4$	$2CaSO_4 \cdot H_2O$	0.06	强	快	中性,常与 $MgSO_4$ 或 Na_2SO_4 配合,做最后干燥使用
K_2CO_3	$K_2CO_3 \cdot 1/2H_2O$	0.2	较弱	慢	弱碱性,用于干燥醇、酮、酯、胺及杂环等碱性化合物,不适于酸、酚及其他酸性化合物
KOH（$NaOH$）	溶于水	—	中等	快	强碱性,用于干燥胺、杂环等碱性化合物,不能用于干燥醇、酯、醛、酮、酸、酚等
Na	$Na+H_2O$ $\longrightarrow NaOH+1/2H_2$	—	强	快	限于干燥醚、烃类中痕量水分,用时切成小块或压成钠丝
CaO	$CaO+H_2O$ $\longrightarrow Ca(OH)_2$	—	强	较快	适用于干燥低级醇类
P_2O_5	$P_2O_5+3H_2O$ $\longrightarrow 2H_3PO_4$	—	强	快,但吸水后表面为黏浆液覆盖,操作不便	适用于干燥醚、烃、卤代烃、腈等中的痕量水分。不适用于醇、酰胺、酮等
分子筛	物理吸附	约 0.25	强	快	适用于各类有机化合物的干燥

② 干燥剂的用量

干燥剂的用量可根据干燥剂的吸水量和水在有机物中的溶解度来估计，一般用量都要比理论量高，同时也考虑分子的结构。极性有机物和含亲水性基团的化合物干燥剂用量需稍多。干燥剂的用量要适当，用量少干燥不完全，用量过多，因为干燥剂表面吸附，将造成被干燥有机物的损失。由于液体中的水分含量不等，干燥剂的质量、颗粒大小和干燥时的温度不同，以及干燥剂也可能吸收一些副产物（如 $CaCl_2$ 吸收醇）等，因此很难规定干燥剂的具体用量。大体上说，每 10mL 液体需 0.5～1g 干燥剂。

③ 操作方法

干燥前，要尽量除净待干燥液体中的 H_2O，不应有任何可见的水层。将液体置于锥形瓶中，加入适量的颗粒大小适中的干燥剂，塞紧瓶口，振摇片刻。如果发现干燥剂全部黏在一起，说明用量不够，需要再补加一些新的干燥剂，直到出现没吸水的、松动的干燥剂颗粒为止。在干燥过程中应多摇动几次，以便提高干燥效率。干燥时间至少要 0.5h，最好过夜。有时干燥前液体呈浑浊，干燥后变为澄清，以此作为水分已基本除去的标志。干燥剂的颗粒大小要适当。颗粒太大，表面积小，吸水缓慢；颗粒太细，吸附有机物较多，而且难分离。已干燥好的液体，可直接滤入干燥蒸馏瓶中进行蒸馏。

2.5.2　固体化合物的干燥

（1）自然干燥

自然干燥适用于在空气中稳定、不分解、不吸潮的固体。干燥时，把待干燥的物质放在干燥洁净的表面皿或其他器皿上，薄薄摊开，让其在空气中慢慢晾干。这是最简便、最经济的干燥方法。为了防止灰尘的污染，可以覆盖一张滤纸。

（2）烘干

烘干适用于熔点较高且遇热不分解的固体。把待干燥的固体放于表面皿中，用恒温烘箱或红外灯烘干。在烘干过程中，注意加热温度必须低于固体物质的熔点至少 10℃ 以下。容易分解或升华的物质，最好放在真空干燥箱中，在室温或者远远低于物质分解或升华的温度下干燥。通常样品是放在玻璃表面皿上烘干的，尤其要注意当烘干温度较高时，比如大于100℃，不能用滤纸盛放样品，防止滤纸炭化、分解，污染样品。

（3）干燥器干燥

易吸潮、分解或升华的物质，最好在干燥器内干燥。干燥器内常用的干燥剂见表 2-4。干燥器有普通干燥器和真空干燥器两种。

表 2-4　干燥器内常用的干燥剂

干燥剂	吸去的溶剂或其他杂质
CaO	H_2O,酸,HCl
$CaCl_2$	H_2O,醇
NaOH	H_2O,酸,HCl,酚,醇
H_2SO_4	H_2O,酸,醇
石蜡片	醇,醚,石油醚,C_6H_6,$C_6H_5CH_3$,C_6H_5Cl,CCl_4
硅胶	H_2O

① 普通干燥器（见图 2-8）

干燥器的盖与缸身之间的平面经过磨砂，在磨砂处涂以润滑脂，使之密闭。缸中有多孔瓷板，瓷板下面放置干燥剂，上面放置盛有待干燥样品的表面皿等。使用时首先将干燥器擦干净，烘干多孔瓷板后，将干燥剂通过一个纸桶装入干燥器底部，避免干燥剂玷污内壁的上部，见图 2-9，然后盖上瓷板。再在磨口上涂上凡士林油，盖上干燥器盖。干燥剂一般常用变色硅胶，此外还可用无水 $CaCl_2$ 等。由于各种干燥剂吸收水分的能力都是有一定限度的，因此干燥器中的空气并不是绝对干燥，而只是湿度相对降低而已。由于其干燥效率不高且所需时间较长，一般用于保存易吸潮的药品。

图 2-8　普通干燥器

开启干燥器时，左手按住干燥器的下部，右手按住盖子上的圆顶，向左前方推开干燥器盖，见图 2-10。盖子取下后应拿在右手中，用左手放入（或取出）被干燥物的容器。立即盖上干燥器盖。盖子取下后若需要放置，应该磨口向上放在桌上安全的地方。加盖时，也应当拿住盖上圆顶，推着盖好。热的容器放入干燥器后，应连续推开干燥器盖 1～2 次。

搬动或挪动干燥器时，应该用两手的拇指同时按住盖，防止滑落打碎。见图 2-11。

图 2-9　添加干燥剂

图 2-10　开启干燥器

图 2-11　挪动干燥器

图 2-12　真空干燥器

② 真空干燥器（见图 2-12）

真空干燥器的干燥效率较普通干燥器好。真空干燥器上有玻璃活塞和抽气导管，用以抽真空，达到需要的真空度后，关闭活塞。使用时，真空度不宜过高，一般用水泵抽气。开启前，应该先打开活塞通大气，然后启盖。活塞下端呈弯钩状，口向上，防止在通大气时，因空气流入太快将固体冲散。如果没有弯钩，通大气时要缓慢。

2.6　萃取与洗涤

【实验目的】

（1）学习萃取和洗涤的原理；

（2）掌握萃取和洗涤的用途和操作方法。

【基本原理】

萃取是提取或提纯有机物的常用方法之一，是利用待萃取物在两种互不相溶的溶剂中溶解度或分配比的不同，使其从一种溶剂转移到另一种溶剂中从而与混合物分离的过程。应用萃取可以从固体或液体中提取出所需的物质，也可以用来洗去混合物中少量杂质，通常称前者为"抽提"或"萃取"，后者为"洗涤"。

萃取效率的高低取决于分配定律。即在一定温度、压力下，一种物质在两种互不相溶的溶剂"1"、"2"中的分配浓度之比是一常数。其关系式如下：

$$K = \frac{c_{1B}}{c_{2B}} \qquad (2\text{-}1)$$

式中　K——常数，称分配系数；

c_{1B}——溶质 B 在溶剂"1"中的质量浓度；

c_{2B}——溶质 B 在溶剂"2"中的质量浓度。

利用式（2-1）可计算出每次萃取后溶液中溶质的剩余量。

假设：m_0 为待萃取物质（溶质）的总质量，V 为原溶液的体积，m_1 为第一次萃取后待萃取物质在原溶液中的剩余量，V_S 为每一次萃取所用萃取溶剂的体积，则：

$$K = \frac{\dfrac{m_1}{V}}{\dfrac{m_0 - m_1}{V_S}}$$

即　　　　　　　　　　　　$m_1 = m_0 \dfrac{KV}{KV + V_S}$

同理，经过二次萃取后，则有：

$$\frac{\dfrac{m_2}{V}}{\dfrac{m_1 - m_2}{V_S}} = K$$

即　　　　　　$m_2 = m_1 \dfrac{KV}{KV + V_S} = m_0 \left(\dfrac{KV}{KV + V_S} \right)^2$

因此，经过 n 次萃取后，

$$m_n = m_0 \left(\frac{KV}{KV + V_S} \right)^n \qquad (2\text{-}2)$$

由式（2-2）可知，用一定量的溶剂进行萃取时，分多次萃取比一次萃取效率高。例如，15℃时，辛二酸在水和乙醚中的分配系数 $K = 1/4$。若 4g 辛二酸溶于 50mL H_2O 中，用 50mL 乙醚萃取，则萃取后辛二酸在水中的剩余量为

$$m_1 = 4 \times \frac{0.25 \times 50}{0.25 \times 50 + 50} = 0.80g$$

萃取率为　　　　　　　　　$\dfrac{4 - 0.80}{4} \times 100\% = 80\%$。

若用 50mL 乙醚分两次萃取，则萃取后辛二酸在水中的剩余量为

$$m_2 = 4 \times \left(\frac{0.25 \times 50}{0.25 \times 50 + 25} \right)^2 = 0.44g$$

萃取率为　　　　　　　　　$\dfrac{4 - 0.44}{4} \times 100\% = 89\%$

此外，萃取效率还与萃取溶剂的性质有关。对溶剂的要求是纯度高，沸点低，毒性小，价格低，对被萃取物溶解度大，与原溶剂不相溶。一般来讲，难溶于水的物质用石油醚等萃取；较易溶于水的用苯或乙醚；易溶于水的物质用乙酸乙酯或类似的溶剂。例如，用乙醚萃取水中的草酸效果较差，若改用乙酸乙酯效果较好。

萃取次数取决于分配系数，一般为 3～5 次。萃取后将各次萃取液合并，加入适当的干燥剂干燥，然后蒸去溶剂，所得有机物视其性质可再用蒸馏、重结晶等方法进一步提纯。

除上述液-液萃取外，还有液-固萃取和固相萃取。

液-固萃取用于从固相中提取物质，它利用溶剂对样品中待提取物和杂质的溶解度不同来达到分离提纯目的。

固相萃取的原理与液相色谱相同，是色谱技术在样品净化、富集方面的应用。它利用多孔性物质（有时键合了特定的有机物）做固定相，当样品流过时，某些组分被固定相萃取，另一些组分随溶剂流出，被固定相萃取的组分经过清洗后用少量洗脱液洗脱，达到分离提纯的目的。固相萃取因其速度快、溶剂用量少、回收率高、重现性好等优点，使其在试样的净化、富集方面的应用越来越广泛。

【操作步骤】

（1）液-液萃取

液体的萃取和洗涤所用的仪器通常是分液漏斗。操作时应该选择容积较溶液体积大 1～2 倍的分液漏斗。将分液漏斗顶端的玻璃塞与下端活塞用细绳套扎在漏斗上，并检查玻璃塞与活塞是否严密、不漏水。擦干活塞，在活塞孔的旁边分别涂一层薄薄的润滑脂（常用凡士林），润滑脂不能抹到活塞孔中。插上活塞，转动活塞使其均匀透明。漏斗上口的塞子不可以涂抹润滑脂。将分液漏斗放在固定的铁环中，关好活塞，装入待萃取物和溶剂，盖好玻璃塞。振荡漏斗，使液层充分接触。振荡方法是先把分液漏斗倾斜，使上口略朝下，见图 2-13，活塞一端向上并朝向无人处，右手捏住上口颈部，并用食指压紧玻璃塞，左手握住活塞。握持方式既要防止振

图 2-13　分液漏斗的振荡方法

荡时活塞转动或脱落，又要便于灵活地旋动活塞。振荡后，令漏斗仍保持倾斜状态，旋开活塞，放出因溶剂挥发或反应产生的气体[1]，使内外压力平衡。如此重复数次。然后将分液漏斗静置于铁环上，使乳浊液分层[2]，然后旋转顶端玻璃塞，对好放气孔，将漏斗颈靠在接受瓶的壁上，慢慢旋开下端活塞，将下层液体自活塞放出。当液面的界线接近活塞时，关闭活塞，静置片刻或轻轻振摇，这时下层液体往往增多，再把下层液体仔细地放出，见图 2-14。然后将上层液体从分液漏斗上口倒出。切不可经活塞放出，以免被漏斗活塞以及颈部所附着的残液污染。

在萃取中，上下两层液体都应该保留到实验完毕，以防中间操作发生错误，无法补救。

使用分液漏斗时，应防止几种错误的操作方法：用手拿住分液漏斗进行液体的分离；上层液体经漏斗的下端放出；上口玻璃塞未通大气就旋开活塞。

分液漏斗若与 NaOH 等碱性溶液接触后，必须冲洗干净，若较长时间不用，玻璃塞与活塞需用薄纸包好后再塞入，否则易粘在漏斗上打不开。

（2）液-固萃取

实验室中常用索氏（Soxhlet）提取器进行液-固萃取。索氏提取器由烧瓶、抽提筒、回流冷凝管三部分组成，装置见图 2-15。索氏提取器是利用溶剂的回流及虹吸原理，使固体物质每次都被纯的热溶剂所萃取，减少了溶剂用量，缩短了提取时间，因而效率较高。萃取前，应先将固体物质研细，以增加溶剂浸溶的面积。然后将研细的固体物质装入滤纸筒内，滤纸筒的直径要略小于抽提筒的内径，其高度一般要超过虹吸管，但是样品不得高于虹吸管。如无现成的滤纸筒，可自行制作。其方法为：取脱脂滤纸一张，卷成圆筒状（其直径略小于抽提筒内径），底部折起而封闭（必要时可用线扎紧），装入样品，上口盖以滤纸或脱脂棉，以保证回流液均匀地浸透待萃取物。将滤纸筒置于抽提筒中。烧瓶内盛溶剂，并与抽提

图 2-14　分液

图 2-15　索氏提取器

筒相连，抽提筒上端接冷凝管，溶剂受热沸腾，其蒸气沿抽提筒侧管上升至冷凝管，冷凝为液体，滴入滤纸筒中，并浸泡筒内样品。当液面超过虹吸管最高处时，即虹吸流回烧瓶，从而萃取出溶于溶剂的部分物质。如此多次重复，把要提取的物质富集于烧瓶内。提取液经浓缩除去溶剂后即得产物，必要时可用其他方法进一步纯化。

【注释】

[1]　由于大多数萃取剂沸点低，在萃取振荡的操作中能产生一定的蒸气压，再加上漏斗内原有溶液的蒸气压和空气的压力，其总压力大大超过大气压，足以顶开漏斗塞子而发生喷液现象，所以在振荡几次后一定要放气。尤其是在某些洗涤过程中会产生气体，如二氧化碳等，更应放气。放气时漏斗下口向斜上方，朝向无人处。

[2]　在萃取时，剧烈的振摇尤其是在碱性物质存在下常常会产生乳化现象，有时由于存在少量轻质沉淀、两液相的相对密度相差较小、两溶剂容易发生部分互溶，因此两相不能清晰分层，难以分离。遇到这种现象时可用以下方法破乳：较长时间静置；加入少量电解质（如氯化钠），利用盐析作用加以破乳。在两相相对密度相差很小时，加入氯化钠也可增加水相的相对密度；因碱性而产生乳化现象，也可加入少量稀硫酸或采用过滤等方法来消除；加热破乳或滴加乙醇等破乳物质改变表面张力也可达到破乳的目的。

思　考　题

1. 为什么分液漏斗上口的塞子不可以涂抹润滑脂？

2. 在分液时，打开活塞，漏斗中的液体不往下流，倒是有气泡向上冒，可能发生了什么问题？

3. 假设在某一萃取过程中，$K=4$，计算使用 40mL 乙醚从含有 20g 溶质的 100mL 水溶液中一次或者分两次萃取出来的溶质的量。若分 4 次结果又如何？

2.7　蒸馏

【实验目的】

（1）掌握蒸馏的基本原理；

（2）熟悉常用的玻璃仪器；

（3）掌握蒸馏的基本操作。

【基本原理】

加热纯液体物质，当该物质的蒸气压等于液体表面的大气压时，液体沸腾，此时的温度称为该液体的沸点。在一定的温度下，不同物质具有不同的蒸气压，沸点低的物质（低沸物）蒸气压较大，沸点高的物质蒸气压较小。当这两种物质混在一起加热至沸时，蒸气的组成含量与液体组成含量不同，蒸气中低沸物的含量比原来在混合液中的含量高，而蒸气中高沸物的含量降低。将该蒸气冷却，得到低沸物含量高的液体。如果两种液体的沸点差距较大（>30℃），可以通过蒸馏把低沸物从混合液体中分离出来。蒸馏就是将液体混合物部分汽化，再将蒸气冷凝成为液体的过程。蒸馏是提纯和分离液体有机物最常用也是最重要的方法之一。

在一定压力下，纯液体化合物都有一定的沸点，沸程一般为 0.5～1℃。混合物的沸程一般较长，因此可以用蒸馏方法来鉴定有机化合物或判断液体的纯度。但是，具有固定沸点的液体，有时不一定是纯化合物，因为有些液体有机物可以同其他物质形成二元或三元共沸混合物。共沸混合物，也称恒沸物，具有固定的组成和固定的沸点。如 95.5%的乙醇与4.5%的水组成沸点是 78.15℃的恒沸物，比纯乙醇的沸点 78.3℃低，如果用蒸馏的方法从水中提纯乙醇，能够得到的最好的乙醇纯度就是 95.5%，也就是说通过蒸馏，是得不到无水乙醇的，要得到无水乙醇，需要借助其他方法。所以说，对沸点相距较大的两种液体，通过蒸馏，可以得到比较满意的但不是完全的分离；对沸点相近的两种液体的分离，只能认为是一种粗略的分离。

【蒸馏装置】

实验室里的蒸馏装置主要包括汽化、冷凝和收集三部分。普通蒸馏装置的正确组合见图 2-16。汽化部分由圆底烧瓶、蒸馏头和温度计组成，冷凝部分由直形冷凝管组成，收集部分由接液管和接受瓶（可以是圆底烧瓶或锥形瓶）组成。蒸馏液体的量占烧瓶体积的 1/3～2/3 为宜。温度计的水银球上端应与蒸馏头支管的下限平齐。蒸气通过直形冷凝管冷凝，冷凝水应从下口进入，上口流出，以保证冷凝管中充满水并使蒸气充分冷却。若蒸馏液体沸点高于 140℃，换用空气冷凝管，防止水冷凝管炸裂。冷凝液通过接液管和接受瓶收集，使用不带支管的接液管时，接液管与接受瓶之间不能塞紧，否则成为密闭系统，加热时压力会升

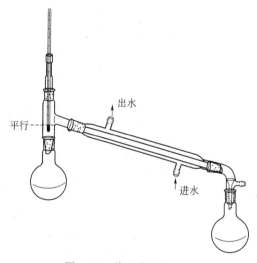

图 2-16　普通蒸馏装置图

高，可能会出现喷溅或爆炸等意外事故。蒸馏低沸点、易燃、易吸潮的液体时，在接液管的支管处接一干燥管，在干燥管上接一根胶管通入水槽。当室温较高时，可将接受瓶置于冰水浴中冷却。

【操作方法】

（1）仪器安装

首先确定热源的高度。为了方便热源装置的放入或撤出，在热源装置的下面，例如电热

套的下面，<u>垫上一块厚度为 2cm 以上的木块或石板</u>。然后根据热源的高度，用贴有石棉或胶皮的铁夹把蒸馏烧瓶固定在铁架台上。接着自下而上、自左而右（或自右至左）安装其他仪器。冷凝管的位置尽量靠近水源[1]。温度计的水银球上缘与蒸馏头支管的下缘相平齐。冷凝管轴线与蒸馏头支管的轴线在同一直线上，使冷凝管与蒸馏头之间既对合严密又无应力产生。可用圆底烧瓶或三角烧瓶作接受瓶。整个装置要求端正、整洁，正看一个面，侧看一条线（整套仪器的轴线都在同一平面内）。

（2）蒸馏操作

把待蒸馏的液体通过长颈漏斗加入蒸馏烧瓶中，加 1～2 粒沸石[2]，接通冷凝水，开始加热。开始时加热速度可稍快，当沸石表面有小气泡冒出时，即液体开始沸腾时，减慢加热速度，仔细观察液体汽化情况，注意温度计读数变化。当蒸气到达水银球部位时，温度计读数急剧增加，控制加热速度，使水银球上总附有液滴，以保持气液两相平衡。当有馏出液馏出时，温度计的读数就是该馏出液的沸点。记下第一滴馏出液馏出时的温度。控制蒸馏速度为 1～2 滴/s。当温度稳定时，更换接受器，回收前馏分，继续蒸馏，当温度突然下降[3]，或无馏出液时，说明该馏分基本蒸完，该停止蒸馏了。如果蒸馏液成分比较复杂，温度变化较大，应多换几个接受器。记下每个馏分的温度范围及馏分量。也可按规定温度范围收集馏分。蒸馏时，不要蒸干，以防发生意外。

蒸馏完毕，先撤去热源，再停水，然后按安装时相反的顺序拆卸仪器。

【实验内容——工业乙醇的提纯】

在 25mL 的圆底烧瓶中，添加 10mL 工业乙醇，加一粒沸石，安装好蒸馏装置，用电热套[4]加热进行蒸馏。控制加热速度，使蒸气环慢慢上升到水银球处，当温度计读数达到乙醇沸点 78℃左右稳定时，若已有前馏分馏出，要更换接受瓶，继续收集馏分，控制蒸馏速度为 1～2 滴/s。当温度出现明显变化时，停止蒸馏。记录馏出液的馏出温度范围、体积以及前馏分和残液的体积。计算回收率。

本实验一般为第一次使用玻璃仪器进行的实验，从熟悉仪器、练习安装到完成实验，约需 4 学时。

【注释】

[1] 避免导水管穿越加热器；如果必须穿越，也要使导水管绕过铁架台后面，以防热源烫坏导水管。

[2] 沸石是一些多孔性物质，如碎瓷片、毛细管等。液体达到沸腾温度时，沸石细孔中的气体形成小气泡均匀冒出，成为液体汽化中心，使液体平稳地沸腾，防止液体过热，产生暴沸。在持续沸腾时，沸石可以持续有效，一旦停止沸腾，原沸石即失效。若要再继续加热蒸馏，需要补加新沸石。如果加热一段时间后，发现忘记加沸石了，不能在沸腾时或将近沸腾时补沸石，应该停止加热，待液体温度降到沸点以下后再补加，防止暴沸。

[3] 当蒸馏将要结束时，由于蒸气断断续续上升，温度计水银球不能被蒸气完全包围，因此，温度出现下降或波动。

[4] 由于乙醇是易燃物，不可直接用明火加热。也可以用沸水浴进行加热。

思　考　题

1. 沸石的作用是什么？用过的沸石洗净后彻底烘干，能否再使用？蒸馏时加热一段时间后，发现忘了加沸石，怎么办？

2. 蒸馏方法能否得到纯无水酒精？为什么？

3. 蒸馏时可能会产生哪些损失？

4. 为什么蒸馏时最好控制馏出液的速度为 1～2 滴/s？

5. 如果液体具有恒定沸点，能否认为该液体是单纯物质？

6. 蒸馏装置中的温度计水银球插入液面下或蒸馏头支管上缘，会产生什么后果？

7. 蒸馏装置为什么必须通大气？

8. 蒸馏时，当有馏出液馏出时，才发现忘记通冷凝水了，怎么办？

9. 如果加热过猛，测出来的沸点会不会偏高？

10. 纯液体的沸点和其表面的气压有什么关系？

2.8　分馏

【实验目的】

(1) 学习分馏的原理；

(2) 掌握分馏的基本操作。

【基本原理】

蒸馏和分馏都是分离提纯液体有机化合物的重要方法。普通蒸馏主要用于分离两种或两种以上沸点相差较大的液体混合物，分馏则用于分离和提纯沸点相差较小的液体混合物。要用普通蒸馏分离沸点相差较小的液体混合物，从理论上讲只要对蒸馏的馏出液经过反复多次的普通蒸馏，就可以达到分离的目的，但这样操作既繁琐、费时又浪费极大，应用分馏则能克服这些缺点，提高分离效率。

分馏是使沸腾的混合物蒸气通过分馏柱，在柱内高沸点组分被柱外冷空气冷凝变成液体，流回烧瓶中，使继续上升的蒸气中低沸点组分相对增加，冷凝液在回流途中遇到上升的蒸气，两者之间进行了热量和质量的交换，上升的蒸气中高沸点组分又被冷凝下来，低沸点组分继续上升，在柱中如此反复地汽化、冷凝。当分馏柱效率足够高时，首先从柱上面出来的是纯度较高的低沸点组分，随着温度的升高，后蒸出来的主要是高沸点组分，留在蒸馏烧瓶中的是一些不易挥发的物质。

分馏原理也可通过二元沸点-组成相图 2-17 来说明。图中下面一条曲线是 A、B 两个化合物不同组成时的液体混合物沸点，而上面一条曲线是指在同一温度下，与沸腾液体相平衡时蒸气的组成。例如沸点为 112℃ 的 A 与沸点为 80℃ 的 B 混合，当混合物在 90℃ 沸腾时，其液体含 A 58%（摩尔分数）、B 42%（摩尔分数），见图 2-17 中 C_1，而与其相平衡的蒸气相含 A 78%（摩尔分数）、B 22%（摩尔分数），见图中 V_1，该蒸气冷凝后为 C_2，而与 C_2 相平衡的蒸气相为 V_2，其组成 A 为 90%（摩尔分数），B 为 10%（摩尔分数）。由此可见，在任何温度下气相总是比与之相平衡的沸腾液相有更多的易挥发的组分，若将 C_2 继续经过多次汽化、多次冷凝，最后可将 A 和 B 分开。但必须指出：凡能形成共沸物的混合物都具有固定沸点，这样的混合物不能用分馏方法分离。

【简单分馏装置】

分馏装置和蒸馏装置的区别只在于分馏多了一个分馏柱。实验室常见的简单分馏柱见图 2-18。分馏柱效率的高低与柱的长径比、填充物的种类、分馏柱的绝热性能以及蒸馏连接等因素有关。

简单分馏装置见图 2-19。

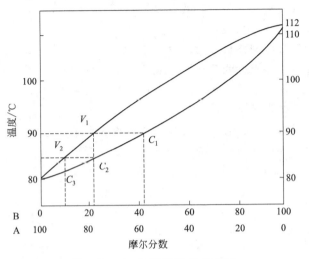

图 2-17　A、B 系统沸点-组成图

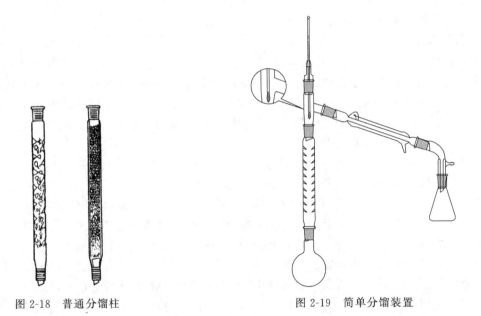

图 2-18　普通分馏柱　　　　　　　　　图 2-19　简单分馏装置

【操作方法】

安装：根据热源的高度将蒸馏烧瓶固定在铁架台的相应位置上，装上分馏柱，用铁夹在中部固定。在分馏柱顶部插上一支温度计，温度计水银球位置与蒸馏装置相同。在冷凝管中央用铁夹夹住，根据分馏柱支管高度调整冷凝管位置，使冷凝管和分馏柱紧密配合，然后依次接上接液管和接受器。若接受瓶位置较高，可用垫有木板的铁圈支撑。

操作：把待分馏液倒入烧瓶中（注意切勿将干燥剂、固体杂质倒入），然后在液体中放入 1～2 粒沸石或几根一端封口的毛细管，控制加热温度，使馏出速度为 2～3s/滴。馏出液馏出速度太快，往往产品纯度下降；馏出速度太慢，上升的蒸气会断断续续，使馏出温度上下波动。当室温低或液体沸点高时，为减少柱内热量散失，可用石棉绳或玻璃布将分馏柱包缠起来。根据实验的要求，分段收集馏分，分别称量，记下集取的温度和相应馏分的质量。分馏时也要注意不可蒸干。

【实验内容——乙醇-水混合物的分馏】

在 25mL 圆底烧瓶中，放入 10mL 约 60% 的乙醇水溶液，加入 2~3 粒沸石，安装好分馏装置，用水浴[1]加热至溶液沸腾，蒸气慢慢升入分馏柱，此时要严格控制加热温度，使蒸气缓慢上升到柱顶[2]，当蒸气温度约为 78℃ 时[3]，若已有前馏分流出，此时要调换接受器，继续收集馏出液，馏出的速度控制在 2~3s/滴。当蒸气温度发生持续下降时[4]，即可停止加热。正常情况下，这时所得馏出液为 5~6mL。用酒精密度计测定馏出液的质量百分浓度一般可达 88%~92%[5]。记录馏出液的馏出温度范围、体积、浓度以及初馏液和残余液的体积。实验时间约需 2h。

【注释】

[1] 由于乙醇是易燃物，易燃物不可用明火直接加热。乙醇沸点为 78℃ 左右，远低于水沸点 100℃，故可用水浴加热。

[2] 分馏柱中的蒸气（又称蒸气环）未上升到温度计水银球处时，温度上升得很慢，此时不可加热过猛，一旦蒸气环升到温度计水银球处，温度计读数迅速上升。

[3] 由于未校正的温度计有一定误差，因此当观察到在 78℃ 左右温度已稳定时，就应该收集此馏分，并记下该温度。

[4] 当分馏将要结束时，由于乙醇蒸气断断续续上升，温度计水银球不能被乙醇蒸气充分包围，因此温度出现下降或波动。

[5] 由于乙醇与水存在恒沸点（乙醇 95.5%，水 4.5%，恒沸点 78.2℃），因此无论使用哪种分馏装置，都不会得到 100% 的纯乙醇，最高只能得到 95.5% 的乙醇。要得到纯度较高的乙醇，在实验室中用加入氧化钙（生石灰）加热回流的方法，使乙醇中的水与氧化钙作用，生成不挥发的氢氧化钙来除去水分。这样制得的无水乙醇，其纯度最高可以达到 99.5%，已经能够满足实验室的一般需要。如果要得到纯度更高的绝对乙醇，可以用金属镁或金属钠来处理。测定浓度时，一组产品不够用，可以合并全班同学的产品进行测定。

思 考 题

1. 蒸馏和分馏在原理、装置以及用途上有什么异同？

2. 蒸馏和分馏时，为什么一定要滤去待馏液中的干燥剂？

3. 含水乙醇为什么经过反复蒸馏也得不到无水乙醇？要得到无水乙醇，可以使用什么方法？

2.9 减压蒸馏

减压蒸馏是分离和提纯沸点较高的液体有机化合物的一种重要方法，它特别适用于那些在常压蒸馏时未达沸点即已经受热分解、氧化或聚合的物质。

【实验目的】

（1）学习减压蒸馏的原理用途；

（2）掌握减压蒸馏仪器安装方法和操作技能。

【基本原理】

液体在它的蒸气压等于蒸馏瓶中的压力时沸腾，随着蒸馏瓶中气压的降低，液体的沸点降低。因此，假如瓶中的压力降低到接近真空条件，则液体沸腾的温度远远低于它在一个大气压时的沸点。所以用真空泵连接蒸馏体系，使蒸馏体系压力降低，可以使沸点较高的液体在较低的温度下被蒸出。这种在较低压力下进行蒸馏的操作叫做减压蒸馏。化合物沸点与压力的关系可以在图 2-20（哈斯-牛顿简图）中查出，一个常压下沸点为 250℃（点 X）的化合物，当体系压力降到 2kPa（点 W）时，沸点降为 125℃（点 V）；体系压力降到 0.133kPa（点 Y）时，沸点降为 80℃（点 Z）。

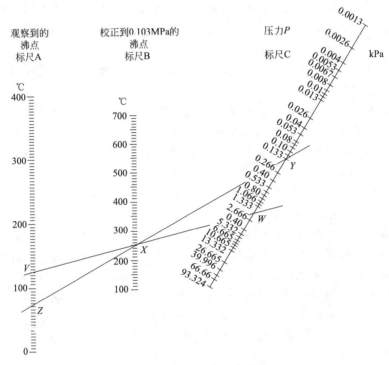

图 2-20　压力-沸点关系图

【减压蒸馏装置】

减压蒸馏装置分蒸馏、抽气、测压和保护四个部分，见图 2-21、图 2-22。

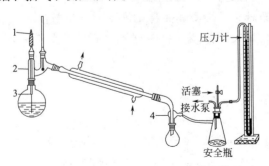

图 2-21　直接使用水泵时的减压蒸馏装置

1—霍夫曼夹；2—克氏蒸馏头；3—毛细管；4—真空接液管

蒸馏部分由蒸馏烧瓶、克氏蒸馏头、冷凝管、接液管、接受器等组成，安装之前所有磨口玻璃接头处涂少量润滑油。克氏蒸馏头的一个上口插一根末端拉成毛细管的玻璃管，毛细管下端离瓶底 1～2mm，在减压蒸馏过程中起汽化中心和搅拌的作用。玻璃管上端通过厚壁

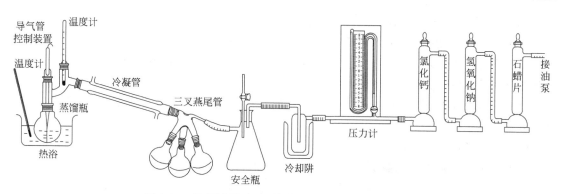

图 2-22　使用油泵时需要加保护装置的减压蒸馏装置

乳胶管接一个霍夫曼夹，以控制气体流量。在减压蒸馏过程中，若要收集不同馏分，可以使用多尾接液管，也叫三叉燕尾管，见图 2-23。接受器可以使用圆底烧瓶或吸滤瓶等耐压容器，不能使用锥形瓶或平底烧瓶。

　　抽气泵可以使用水泵或油泵。使用水泵时，所能达到的最低压力是当时室温下的水蒸气压。使用水泵时的减压蒸馏装置见图2-21，保护部分只用安全瓶就可以了。油泵的效率比水泵好，最低能抽到

图 2-23　多尾接液管

10Pa 的压力。但是，蒸馏时如果有挥发性溶剂、水或酸气，会损坏油泵，降低泵效率，因此使用油泵时需要进行保护，见图 2-22。无论使用水泵还是油泵，安全瓶都是必不可少的，它上面的活塞用来调节系统压力或解除系统的真空状态。

　　实验室常用水银压力计来测量减压系统的压力。水银压力计分开口式和封闭式两种，如图 2-24 所示。开口式压力计的两臂高度之差为大气压力与系统压力之差，即体系的真空度。封闭式压力计的两臂高度之差就是系统的压力。使用水银压力计在解除真空时需要十分小心，要缓慢打开安全瓶，徐徐降低体系真空度。如果突然完全打开，水银柱迅速回落，有可能会冲出（开口式）或冲破（封闭式）玻璃管，损坏压力计，造成汞污染。所以学生实验使用非水银式的压力表更安全些。

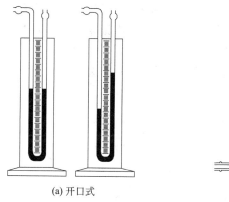
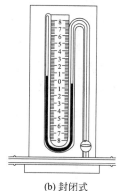

(a) 开口式　　　　　　　(b) 封闭式

图 2-24　水银压力计

　　在减压蒸馏装置中，除了冷凝管上的两条橡皮管外，所有橡皮管都必须是厚壁耐压管，否则薄管会被抽瘪，影响体系真空度。

【操作方法】

① 按图 2-21 或图 2-22 安装仪器。

② 检查系统气密性：先旋紧毛细管上的霍夫曼夹，打开安全瓶上的二通活塞，开泵抽气，逐渐关闭二通活塞，系统能够达到所需真空度且保持不变，说明系统密闭。若压力有变化或者真空度上不去，说明漏气，分别检查各连接处，调整至不漏气为止。慢慢打开安全瓶上的活塞，使系统通大气，内外压力平衡。

③ 将待蒸馏液体加入蒸馏瓶中，若待蒸馏液体含低沸点物质，应该用常压蒸馏方法先将低沸点物质蒸馏出去。

④ 打开毛细管上的霍夫曼夹和安全瓶上的活塞，开泵抽气，若是用连接在自来水龙头上的水泵，把水的流量开到最大。

⑤ 关闭安全瓶上的活塞，调节毛细管上的霍夫曼夹，使毛细管下端冒出一连串小气泡，气泡流可以搅拌液体，但是不可以溅到蒸馏头支管上。

⑥ 待体系压力平稳后，接通冷凝水，开始加热，慢慢升高温度直至蒸馏开始。升温速度太快会造成过热，使物质分解，在瓶中产生雾气。

⑦ 控制蒸馏速度为1～2滴/s，收集馏分。若要更换接受瓶，先关闭并撤下热源，使烧瓶停止加热，慢慢打开安全瓶上的活塞[1]，使体系解除真空，调换接受瓶，再慢慢关闭安全瓶活塞，继续加热蒸馏。若使用多尾接液管，只要转动其位置，就可以收集不同馏分。

⑧ 蒸馏完毕，撤去热源，慢慢打开安全瓶活塞和毛细管上的霍夫曼夹，直至系统压力与大气压力平衡。然后关泵，停水，拆卸仪器。

【实验——水的减压蒸馏】

① 见图2-21，使用25mL蒸馏烧瓶，安装减压蒸馏装置，在玻璃磨口处涂少量润滑剂，安全瓶支管接水泵。

② 检查气密性。

③ 解除系统真空，小心取出毛细管，将10mL水[2]通过长颈漏斗加入圆底烧瓶中，小心插上毛细管。

④ 打开安全瓶上的活塞，打开水泵，使水流最大，慢慢关闭安全瓶活塞，调节毛细管上的霍夫曼夹，使毛细管下端产生连续而平稳的小气泡。

⑤ 开启冷凝水，开始加热。控制馏出速度为1～2滴/s。记下压力和温度，作为第一组数据。稍稍打开一点安全瓶活塞，使体系压力比第一次记录的压力增加0.5～1.5kPa。待系统达到稳定后，记下第二组数据。再调节体系压力，使体系压力比第二次记录的压力增加0.5～1.5kPa。待系统达到稳定后，记下第三组数据。将这三组数据填入表2-5中，并与文献中相应压力下水的沸点温度比较。

表 2-5　减压蒸馏数据记录表

编　　号	压力/kPa	测量沸点温度/℃	此沸点对应文献压力/kPa
1			
2			
3			

⑥ 停止蒸馏。先关闭并撤去热源，停止加热，再打开霍夫曼夹，慢慢打开安全瓶上的活塞，解除真空，然后关闭水泵，拆卸仪器。

【注释】

[1] 解除真空状态时，安全瓶上的活塞一定要慢慢打开。如果打开速度过快，系统内外压力突然变化，使压力计的压差迅速改变，水银柱可能会冲破玻璃管壁。

[2] 水的饱和蒸气压与沸点的关系可以从附录1"水的饱和蒸气压"表中查得。

思　考　题

1. 什么叫做减压蒸馏？减压蒸馏有什么优点？

2. 油泵减压的保护措施是否与水泵相同？为什么？

3. 如何检查减压系统的气密性？

4. 开始减压蒸馏时，为什么先抽气至体系压力稳定后再加热？而结束时为什么先移开热源再停止抽气？

5. 减压蒸馏的汽化中心可否使用沸石？

2.10　水蒸气蒸馏

【实验目的】

(1) 学习水蒸气蒸馏的原理及用途；

(2) 熟悉水蒸气蒸馏的装置以及操作方法。

【基本原理】

在难溶或不溶于水的有机物中通入水蒸气或与水一起共热，使有机物随水蒸气一起蒸馏出来，这种操作称为水蒸气蒸馏。水蒸气蒸馏也是分离和提纯有机化合物的常用方法，但被提纯的物质必须具备以下条件。

① 不溶或难溶于水。

② 与水一起沸腾时不发生化学变化。

③ 在100℃左右该物质蒸气压至少在1.33kPa以上。

水蒸气蒸馏常用于下列几种情况。

① 在常压下蒸馏易发生分解的高沸点有机物。

② 用一般蒸馏、萃取或过滤等方法难以分离的含有较多固体的混合物。

③ 用蒸馏、萃取等方法难以分离的含有大量树脂状物质或者不挥发性杂质的混合物。

根据分压定律，水和有机物一起蒸馏时，混合物的蒸气压应该是各组分蒸气压之和，即：

$$p_总 = p_{H_2O} + p_有$$

式中　$p_总$——混合物总蒸气压；

p_{H_2O}——水的蒸气压；

$p_有$——不溶或难溶于水的有机物蒸气压。

当 $p_总$ 等于大气压时，该混合物开始沸腾，此时，p_{H_2O} 和 $p_有$ 均小于大气压，显然，混合物的沸点低于任何一个组分的沸点，即该有机物和水在比其正常沸点低的温度下，就可以被蒸馏出来。例如，对水（bp 100℃）和溴代苯（bp 156℃）两个不互溶混合物进行蒸馏，其蒸气压-温度曲线以及纯化合物的相应曲线见图 2-25。图中说明混合物在95℃左右总蒸气压就等于大气压了，此时混合物沸腾。即在95℃时，水和溴代苯就被蒸馏出来了。正如理论上所预见的那样，此温度低于水以及溴代苯的沸点。这个混合物中水是最低沸点的组分。因此要在100℃或更低温度下蒸馏化合物，特别是用来纯化那些热稳定性较差和高温下要分解的化合物。水蒸气蒸馏是一种有效的方法。

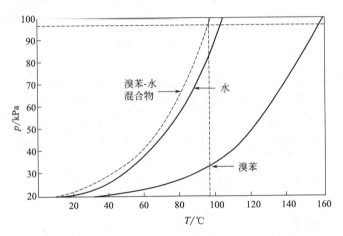

图 2-25　溴代苯、水以及其混合物的蒸气压-温度关系

那么，在被蒸馏出来的混合物中，有机物的含量有多少呢？馏出液中有机物的质量（$m_有$）与水的质量（m_{H_2O}）之比，应等于两者的分压（$p_有$、p_{H_2O}）与各自相对分子质量（$M_有$ 和 M_{H_2O}）乘积之比。

$$\frac{m_有}{m_{H_2O}} = \frac{p_有 \times M_有}{p_{H_2O} \times M_{H_2O}}$$

以苯胺和水的混合物进行水蒸气蒸馏为例。苯胺沸点184.4℃，混合物沸点98.4℃，在98.4℃时苯胺的蒸气压为5.60kPa，水的蒸气压为95.7kPa，两者蒸气压之和恰接近于大气压力，于是混合物开始沸腾，苯胺和水一起被蒸馏出来，馏出液中苯胺与水的质量比为：

$$\frac{m_{苯胺}}{m_水} = \frac{M_{苯胺} \times p_{苯胺}}{M_水 \times p_水} = \frac{93 \times 5.60}{18 \times 95.7} = 0.30$$

所以馏出液中苯胺含量为：

$$\frac{0.30}{1+0.30} \times 100\% = 23.1\%$$

但实际上由于苯胺微溶于水，导致水的蒸气压降低，得到的比例比计算值要低。

【蒸馏装置】

水蒸气蒸馏装置是由水蒸气发生器和蒸馏装置两部分有机组合而成，见图2-26。水蒸气发生器一般用金属制成，也可以用短颈圆底烧瓶来代替。使用时在发生器内盛放约为容积2/3体积的水。发生器的上口通过塞子插入一根长玻璃管，作为安全管，安全管下端接近瓶底，根据水柱高低，可以观察内部蒸气压变化情况，如果蒸汽导出不畅，安全管内的水柱会升高甚至冒出，可以及时进行调整。打开T形管上的止水夹，查找不畅原因。一般出现不畅的原因有两种：一种是蒸汽在平放的导气管中冷凝，使气流不畅。只要打开止水夹，放掉冷凝的水，问题就可以得到解决。另一种是蒸馏物中有固体时，导气管末端被固体物质堵塞，引起气流不畅。解决的方法是打开止水夹，疏通导管。水蒸气发生器的出气导管通过T形管与蒸馏烧瓶上的蒸汽导入管相连。这段连接路程要尽可能短，以减少水蒸气的冷凝。T

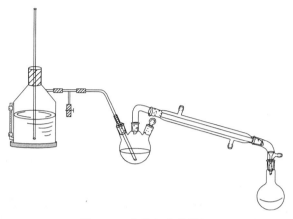

图 2-26　水蒸气蒸馏装置

形管的另一开口上套一段短橡皮管，用止水夹夹住。蒸汽导入管的下端要插入待蒸馏混合物的液面下，尽量靠近烧瓶底部。

【操作方法】

将待蒸馏物移入蒸馏烧瓶，连好仪器，检查各接口处是否漏气。打开 T 形管上的止水夹，加热水蒸气发生器使水沸腾[1]。当 T 形管的支管有蒸汽冲出时，夹紧止水夹，使蒸汽通入蒸馏烧瓶，蒸馏开始。当待蒸馏物的温度升高到一定程度时，开始沸腾，不久有机物和水的混合蒸气将被蒸出，经过冷凝管冷凝成乳浊液进入接受器。调节火焰，控制馏出速度为 2～3 滴/s。如果 T 形管中充满了冷凝水，要及时打开 T 形管上的止水夹，把水放出去。如果蒸馏烧瓶中的冷凝水过多，可以在烧瓶底下用小火间接加热。在蒸馏过程中，要注意安全管中水柱的情况，如果出现不正常的水柱上升，应该立即打开 T 形管上的止水夹，移去热源，排除故障后方可继续进行蒸馏。

蒸馏完毕，先打开 T 形管上的止水夹，然后停止加热。如果不打开止水夹，就停止了加热，蒸馏烧瓶中的液体有可能会倒吸入蒸汽导管乃至水蒸气发生器中。

如果混合物只需少量水蒸气即可完全蒸出，也可采用另一种水蒸气蒸馏法。此方法是将水和有机化合物一起放在蒸馏瓶内，直接发生水蒸气。这一方法一般来说不适用于需要大量水蒸气的蒸馏，因为需要大量水蒸气势必要在中途加水，或采用不相称的大烧瓶。

【注释】

[1]　由于烧开水需要一段时间，可以合理安排时间，在安装蒸馏装置的同时，事先把水烧上，仪器安装完毕，就可以进行蒸馏了。

思　考　题

1. 水蒸气蒸馏的基本原理是什么？

2. 安全管和 T 形管各起什么作用？

3. 如何判断水蒸气蒸馏的终点？

4. 停止水蒸气蒸馏时，在操作顺序上应注意些什么？为什么？

5. 在 95℃时溴代苯和水的混合物蒸气压分别为 16kPa 和 85.3kPa，见图 2-25，其馏出液中溴代苯的含量是多少？假设要从混合物中蒸出 20g 溴代苯，最少需要多少克水蒸气？

2.11　重结晶和过滤

【实验目的】

(1) 学习重结晶法提纯固态有机化合物的原理和意义；

(2) 掌握重结晶的基本操作方法。

【基本原理】

重结晶是提纯固体有机化合物常用的方法之一。从有机反应物或者天然有机化合物中要得到纯的固体有机物往往要通过重结晶。

固体有机化合物在溶剂中的溶解度随温度变化而改变，一般温度升高溶解度也增加；反之则溶解度降低。如果把固体有机物溶解在热溶剂中制成饱和溶液，然后冷却到室温或室温以下，则溶解度下降，原溶液变成过饱和溶液，这时就会有结晶固体析出。利用溶剂对被提纯物质和杂质的溶解度不同，使杂质在热过滤时被除去，或者冷却后被留在母液中，从而达到分离提纯的目的。重结晶提纯方法主要用于提纯杂质含量小于 5％的固体有机物，杂质过多可能会影响结晶速度或妨碍结晶体的生长。

【实验方法】

(1) 溶剂的选择

正确地选择溶剂是重结晶操作的关键。适宜的溶剂应具备以下条件。

① 不与待提纯的化合物起化学反应。

② 待提纯的化合物温度高时溶解度大，温度低或室温时溶解度小。

③ 对杂质的溶解度非常大（留在母液中将其分离）或非常小（通过热过滤除去）。

④ 得到较好的结晶。

⑤ 溶剂的沸点不宜过低，也不宜过高。过低则溶解度改变不大，不易操作；过高则晶体表面的溶剂不易除去。

⑥ 价格低，毒性小，易回收，操作安全。

选择溶剂时可查阅化学手册或文献资料中的溶解度，根据"相似相溶"原理选择，如果没有充足的资料，可用实验方法来确定。

选择溶剂的具体实验方法如下。

取 0.1g 结晶固体于试管中，用滴管逐滴加入溶剂，并不断振荡，待加入溶剂约为 1mL 时，注意观察是否溶解。若完全溶解或间接加热至沸完全溶解，但冷却后无结晶析出，表明该溶剂是不适用的；若此物质完全溶于 1mL 沸腾的溶剂中，冷却后析出大量结晶，这种溶剂一般认为是合适的；如果试样不溶于或未完全溶于 1mL 沸腾的溶剂中，则可逐步添加溶剂，每次约加 0.5mL，并继续加热至沸，当溶剂总量达 4mL，加热后样品仍未全溶（注意未溶的是否是杂质），表明此溶剂也不适用；若该物质能溶于 4mL 以内热溶剂中，冷却后仍无结晶析出，必要时可用玻璃棒摩擦试管内壁或用冷水冷却，促使结晶析出，若晶体仍不能析出，则此溶剂也是不适用的。

按上述方法对几种溶剂逐一试验、比较，可以选出较为理想的重结晶溶剂。常用的重结晶溶剂见表 2-6。当难以选出一种合适溶剂时，常使用混合溶剂。混合溶剂一般由两种彼此可互溶的溶剂组成，其中一种对待提纯物质溶解度较大，另一种则较小。常用的混合溶剂有：C_2H_5OH-H_2O，C_2H_5OH-$(C_2H_5)_2O$，C_2H_5OH-CH_3COCH_3，$(C_2H_5)_2O$-石油醚，C_6H_6-石油醚等。

表 2-6　常用的重结晶溶剂

溶剂	bp/℃	冰点/℃	相对密度	与水的混溶性	易燃性
H_2O	100	0	1.0	+	0
CH_3OH	64.96	<0	0.79	+	+
95%C_2H_5OH	78.1	<0	0.804	+	++
冰 HAc	117.9	16.7	1.05	+	+
CH_3COCH_3	56.2	<0	0.79	+	+++
乙醚	34.51	<0	0.71	—	++++
石油醚	30~60	<0	0.64	—	++++
$CH_3COOC_2H_5$	77.06	<0	0.90	—	++
C_6H_6	80.1	5	0.88	—	++++
$CHCl_3$	61.7	<0	1.48	—	0
CCl_4	76.54	<0	1.59	—	0

混合溶剂的适当比例，如果没有数据，可以这样试配：将混合物溶解于适当的易溶溶剂中，趁热过滤以除去不溶性杂质，然后逐渐加入热的难溶溶剂直到出现浑浊状，加热浑浊溶液使其澄清透明，再加入热的难溶溶剂至浑浊后再加热澄清，最后，即使加热溶液仍呈浑浊状，这时再加很少量易溶溶剂，使其刚好变透明为止。将此热溶液慢慢冷却即有结晶析出。

（2）热溶液的制备

将称量好的样品放于烧杯内，加入比计算量稍少些的选定溶剂，加热煮沸。若未完全溶解，可分批添加溶剂，每次均应加热煮沸，直至样品溶解。如果溶剂易燃，须熄火后方能添加。如果用的是有机溶剂，需安装回流装置。

在重结晶中，若要得到比较纯的产品和比较好的收率，必须十分注意溶剂的用量。溶剂的用量需从两方面考虑，既要防止溶剂过量造成溶质的损失，又要考虑到热过滤时，因溶剂的挥发、温度下降使溶液变成过饱和，造成过滤时在滤纸上析出晶体，从而影响收率。因此溶剂用量不能太多，也不能太少，一般比需要量多 15%～20%。

（3）脱色

溶液若含有带色杂质时，可加入适量活性炭脱色，活性炭可吸附色素及树脂状物质。使用活性炭应注意以下几点。

① 加活性炭以前，首先将待结晶化合物加热溶解在溶剂中。

② 待热溶液稍冷后，加入活性炭，搅拌，使其均匀分布在溶液中。再加热至沸，保持微沸 5~10min。切勿在接近沸点的溶液中加入活性炭，以免引起暴沸。

③ 加入活性炭的量视杂质多少而定，一般为粗品质量的 1%～5%。加入量过多，活性炭将吸附一部分纯产品。加入量过少，若仍不能脱色可补加活性炭，重复上述操作。过滤时选用的滤纸要紧密，以免活性炭透过滤纸进入溶液中。若发现透过滤纸，加热微沸后应更换滤纸重新过滤。

④ 活性炭在水溶液中或在极性溶剂中进行脱色效果最好，也可在其他溶剂中使用，但在烃类等非极性溶剂中效果较差。

除用活性炭脱色外，也可采用层析柱来脱色，如氧化铝吸附色谱等。

（4）热过滤

为了除去不溶性杂质，必须趁热过滤。热过滤时要迅速，要尽量不使热溶液温度降低，并尽快地使其通过漏斗。热过滤有以下几种方法，热过滤装置见图2-27。

① 选用已预热的颈短而粗的玻璃漏斗，漏斗中放一折叠滤纸，滤纸外折棱边应紧贴漏斗壁，见图2-27（a）。使用前应先用少量热溶剂润湿。滤纸的折叠方法见图2-28。

② 如过滤的溶液量较多，则应选择保温漏斗。保温漏斗是一种减少散热的夹套式漏斗，其夹套是金属套内安装一个长颈玻璃漏斗而形成的，见图2-27（b）。使用时将热水（通常是沸水）倒入夹套，加热侧管（如溶剂易燃，过滤前务必将火熄灭）。漏斗中放入折叠滤纸，用少量热溶剂润湿滤纸，立即把热溶液分批倒入漏斗，不要倒得太满，也不要等滤完再倒，未倒的溶液和保温漏斗用小火加热，保持微沸。热过滤时一般不要用玻璃棒引流，以免加速降温；接受滤液的容器内壁不要贴紧漏斗颈，以免滤液迅速冷却析出晶体，晶体沿器壁向上堆积，堵塞漏斗口，使之无法过滤。

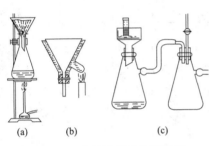

图2-27　热过滤以及抽滤装置

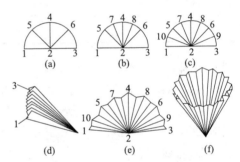

图2-28　折叠滤纸的方法

若操作顺利，只会有少量结晶在滤纸上析出，可用少量热溶剂洗下，也可弃之，以免得不偿失。若结晶较多，可将滤纸取出，用刮刀刮回原来的瓶中，重新进行热过滤。滤毕，将溶液加盖放置自然冷却。

进行热过滤操作要求准备充分，动作迅速。

（5）结晶的析出

将上述热过滤后的溶液静置，自然冷却，结晶慢慢析出。结晶的大小与冷却的温度有关，一般迅速冷却并搅拌，往往得到细小的晶体，表面积大，表面吸附杂质较多。如将热滤液慢慢冷却，析出的结晶较大，但往往有母液和杂质包在结晶内部。因此要得到纯度高、结晶好的产品，还需要摸索冷却的过程，但一般只要让热溶液静置冷却至室温即可。有时遇到放冷后也无结晶析出的情况，可用玻璃棒在液面下摩擦器壁或投入该化合物的结晶作为晶种，促使晶体较快地析出；也可将过饱和溶液放置冰箱内较长时间，促使结晶析出；有时振摇或搅拌都可以促进晶体的析出。

（6）减压过滤

减压过滤也称吸滤或抽滤，其装置见图2-27（c）。一般是把布氏漏斗与吸滤瓶相连接，吸滤瓶的侧管连接安全瓶。安全瓶的作用是防止因关闭水阀或水流量突然变小时自来水倒吸入吸滤瓶。安全瓶再用厚壁橡皮管与水泵相接。水泵带走空气让吸滤瓶中压力低于大气压，使布氏漏斗的液面上与瓶内形成压力差，从而提高过滤速度。布氏漏斗下端斜口应正对吸滤瓶的侧管。滤纸的大小要比布氏漏斗内径略小，但必须要把漏斗的小孔全部覆盖。滤纸也不能太大，否则会贴到漏斗壁上，造成溶液不经过过滤沿壁直接漏入吸滤瓶中。抽滤前应先用少量溶剂润湿滤纸，打开水泵，使润湿的滤纸吸紧。不要不抽真空，直接倒入待过滤物进行抽滤。停止抽滤前应先打开安全瓶上的安全阀，使内外压力平衡，防止水泵的水或油泵的油倒吸。

热溶液和冷溶液的过滤都可选用减压过滤。若为热过滤，则过滤前应将布氏漏斗放入烘箱（或用电吹风等）进行预热。

抽滤时，为了更好地将晶体与母液分开，最好用清洁的玻璃塞或玻璃钉将晶体在布氏漏斗上挤压，并随同抽气尽量除去母液。结晶表面残留的母液可用很少量的溶剂洗涤。洗涤时，抽气应暂时停止，先将安全瓶的活塞打开与大气相通，然后把少量溶剂均匀地洒在布氏漏斗内的滤饼上，使全部结晶刚好被溶剂覆盖为宜。用玻璃棒或不锈钢刮刀搅松晶体（勿把滤纸捅破），使晶体润湿。稍候片刻，再重新抽气把溶剂抽干。如此重复两次，就可把滤饼洗涤干净。

从漏斗上取出结晶时，为了不使滤纸纤维附于晶体上，常与滤纸一起取出，待干燥后，用刮刀轻敲滤纸，结晶即全部下来。

（7）干燥、称量与测定熔点

减压过滤后的结晶，因表面还有少量溶剂，为保证产品的纯度，必须充分干燥。根据结晶的性质可采用不同的干燥方法，如自然晾干、红外灯烘干和真空恒温干燥等。

将充分干燥后的结晶称质量，测熔点，计算产率。如果纯度不符合要求，可重复上述操作，直至熔点符合要求为止。

【实验内容——乙酰苯胺的重结晶】

称取 1g 粗乙酰苯胺，放入烧杯中，加入一定量的水[1]，将烧杯放在石棉网上边加热边搅拌，直至沸腾，等固体完全溶解[2]，移去热源，稍冷后加入少许活性炭[3]，继续加热，保持微沸 5min。趁热过滤。充分冷却滤液，析出结晶。抽滤，用少量水洗涤结晶两次，抽干。取出结晶，放在表面皿上，在红外灯下干燥或者在 100℃ 下烘干。称重，计算回收率，测定熔点。

【注释】

[1] 乙酰苯胺在水中的溶解度见表 2-7。

表 2-7　乙酰苯胺在水中的溶解度

温度/℃	20	25	50	80	100
溶解度/(g/100mL H$_2$O)	0.46	0.56	0.84	3.45	5.5

[2] 烧瓶中有未溶解的固体或黄色油状物，说明乙酰苯胺没有完全溶解。此时可以补加少量水，每次约 10mL，直至完全溶解。黄色油状物是熔融状态含水的乙酰苯胺（83℃时含水 13%，水的存在使乙酰苯胺熔点降低）。如果溶液温度在 83℃ 以下，溶液中未溶解的乙酰苯胺以固态存在。

[3] 加活性炭前要移去热源，待溶液稍冷后再加入，绝不能在沸腾时加入，以免引起暴沸。

思　考　题

1. 重结晶法提纯固体有机物有哪些主要步骤？简要说明每步的目的。

2. 活性炭为什么要在固体物质完全溶解后加入？为什么不能在沸腾时加入？

3. 在脱色后热过滤时，如果发现滤液中有少量活性炭，试分析可能是由哪些原因引起的？应该如何处理？

4. 停止抽滤后，发现水倒流入吸滤瓶中，这是怎么回事？

5. 迄今为止，你学过哪些过滤方法？请对它们进行比较。它们各适用于什么场合？

6. 如果使用 25mL 水对 1g 乙酰苯胺进行重结晶，假设不计整个过程水的挥发损耗，试计算抽滤之后母液中所含的乙酰苯胺的量。

2.12　升华

【实验目的】

(1) 学习升华的原理和意义；

(2) 掌握实验室常用的升华方法。

【基本原理】

升华是纯化固体有机物的方法之一。某些物质在固态时有较高的蒸气压，当加热时，不经过液态而直接气化，蒸气遇冷又直接冷凝成固体，这个过程叫做升华。利用升华可除去不挥发性杂质，或分离不同挥发度的固体混合物。升华常可得到纯度较高的产品，但操作时间长，损失也较大，在实验室里只用于较少量（1～2g）物质的纯化。

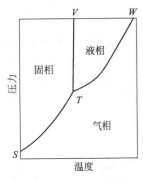

图 2-29　物质三相平衡曲线

为了深入了解升华的原理，首先应研究固、液、气三相平衡，见图 2-29。图中曲线 ST 表示固相与气相平衡时固相的蒸气压曲线；TW 是液相与气相平衡时液体的蒸气压曲线；TV 为固相与液相的平衡曲线，三曲线相交于 T。T 为三相点，在这一温度和压力下，固、液、气三相处于平衡状态。三相点与物质的熔点（在大气压下固-液两相处于平衡时的温度）相差很小，通常只有几分之一摄氏度，因此在一定的压力下，TV 曲线偏离垂直方向很小。在三相点以下，物质只有气、固两相。若降低温度，蒸气就不经过液态而直接变成固态；若升高温度，固态也不经过液态而直接变成蒸气。因此，一般的升华操作在三相点温度以下进

行。若某物质在三相点以下的蒸气压很高，则气化速率很大，这样就很容易地从固态直接变成蒸气，而且此物质蒸气压随温度降低而下降，稍一降低温度，即可由蒸气直接变成固体，则此物质在常压下比较容易用升华方法来纯化。例如，樟脑（三相点温度是 179℃，此时的蒸气压为 49.33kPa）在 160℃时蒸气压为 29.17kPa，未达到熔点时已有相当高的蒸气压。因此，只要缓慢加热，使温度维持在 179℃以下，它可不经熔化而直接蒸发，蒸气遇冷即凝成固体。

有些物质在三相点温度时的蒸气压较低。例如，萘在熔点 80℃时的蒸气压只有0.933kPa，使用一般升华方法不能得到满意的结果，这时可采用减压升华的办法来纯化。

【操作步骤】

(1) 常压升华

常用的常压升华装置见图 2-30。

图 2-30(a) 中，将预先粉碎好的待升华物质均匀地铺放于蒸发皿中，上面覆盖一张穿有

许多小孔的滤纸，然后将与蒸发皿口径相近的玻璃漏斗倒扣在滤纸上，漏斗颈口塞一小棉球或少许玻璃棉，以减少蒸气外逸。隔石棉网或用油浴、沙浴等缓慢加热蒸发皿，小心调节火焰，控制浴温低于升华物质的熔点，使其慢慢升华。蒸气通过滤纸孔上升，冷却后凝结在滤纸上或漏斗壁上，必要时漏斗外可用湿滤纸或湿布冷却。

　　较大量物质的升华，可在烧杯中进行。烧杯上放置一个通冷水的烧瓶，使蒸气在烧瓶底部凝结成晶体并附着在烧瓶底部，见图 2-30(b)。

　　(2) 减压升华

　　减压升华装置见图 2-31。将固体物质放于抽气试管中，然后将装有"冷凝指"（即通有冷凝水的小试管）的橡皮塞严密地塞住抽气试管口，用水泵或油泵减压。接通冷凝水流，将抽气试管浸在水浴或油浴中加热，使之升华。升华结束后慢慢使体系与大气相通，以免空气突然冲入而把"冷凝指"上的晶体吹落。小心取出"冷凝指"，收集升华后的产品。

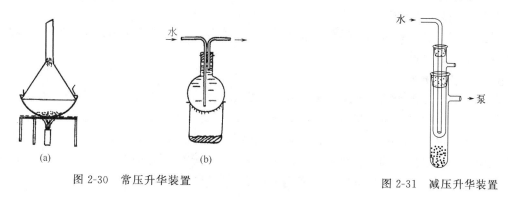

图 2-30　常压升华装置　　　　　　　　　图 2-31　减压升华装置

思　考　题

1. 固体有机化合物是否都可以用升华的方法来提纯？
2. 为什么在升华操作时，加热温度一定要控制在被升华物的熔点以下？

2.13　熔点的测定和温度计的校正

【实验目的】

（1）学习熔点测定的基本原理及意义；

（2）掌握熔点测定的操作方法；

（3）了解温度计校正的方法。

【基本原理】

　　当固体物质加热到一定的温度时，从固态转变为液态，此时的温度称为该物质的熔点。熔点的严格定义是指在 101.325kPa 下固-液态间的平衡温度。

　　纯净的固体化合物一般都有固定的熔点，固-液两相之间的变化非常敏锐，从初熔到全熔的温度范围（称熔距或熔程）一般不超过 0.5～1℃（除液晶外）。当混有杂质后，熔点就有显著的变化，熔点降低，熔程增长。因此，通过测定熔点，可以鉴别未知的固态化合物和判断化合物的纯度。

如果两种固体化合物具有相同或相近的熔点，可以采用混合熔点法鉴别它们是否为同一化合物。若是两种不同化合物，通常会使熔点下降，熔程变长；若是相同化合物，则熔点不变。例如，肉桂酸和尿素，它们各自的熔点均为133℃，但把它们等量混合，再测其熔点，则比133℃低得多，而且熔程长，这种现象叫做混合熔点降低。在科学研究中常用此法检验所得的化合物是否与预期的化合物相同。进行混合熔点的测定至少测定三种比例（1∶9，1∶1，9∶1）。

熔点测定对有机化合物的研究具有很大实用价值，如何测出准确的熔点是一个重要的问题。目前，测定熔点的方法很多，应用最广泛的是 b 形管法。该方法仪器简单，样品用量少，操作方便。此外，还可用各种熔点测定仪测定熔点。

本实验将重点介绍 b 形管法。

【实验装置】

（1）毛细熔点管的准备

参见本书 2.2 简单玻璃工操作或者直接购买，将 15cm 长直径 1mm 的毛细管两端熔封，从中间截断，即得两根熔点管。

（2）样品的填装

将 0.1～0.2g 已干燥并研成粉末的样品放在表面皿上，聚成小堆，然后将毛细熔点管开口一端垂直插入样品堆中，样品便被挤入管中。取一支长 30～40cm 的玻璃管垂直于一干净的表面皿上，将毛细熔点管开口端向上，从玻璃管上端自由落下，使样品进入管底。重复操作十几次，使样品装填均匀、紧密，高度为 2～3mm。沾于管外的粉末须轻轻拭去，以免玷污加热溶液。一种样品最好同时装三根毛细熔点管，以备用。

（3）仪器及安装

b 形管法测熔点最常用的仪器是 b 形熔点测定管，见图 2-32，也称提勒管（Thiele tube）。用 b 形管测熔点，管内的温度分布不均匀，往往使测得的熔点不够准确。但使用时很方便，加热快、冷却快，因此在实验室测熔点时多用此法。

装置中热浴用的导热液，通常有浓 H_2SO_4、甘油、液体石蜡和硅油等。选用哪一种，则视所需的温度而定。若温度低于 140℃，最好选用液体石蜡或甘油，药用液体石蜡可加热到 220℃仍不变色；若温度高于 140℃，可选用浓 H_2SO_4，但热的浓 H_2SO_4 具有极强的腐蚀性，如果加热不当，浓 H_2SO_4 溅出易伤人；若温度超过 250℃时，浓 H_2SO_4 产生白烟，妨碍温度的读数，在这种情况下，可在浓 H_2SO_4 中加入 K_2SO_4，加热使之成饱和溶液，然后进行测定。在热浴中使用的浓 H_2SO_4 有时由于有机物掉入酸内而变黑，妨碍对样品熔融过程的观察。在这种情况下，可以加入一些 KNO_3 晶体，以除去有机物。硅油也可加热到 250℃，且比较稳定，透明度高，无腐蚀性，但价格较贵。

将干燥的 b 形熔点管固定在铁架台上，倒入导热液使液面在 b 形管的支管上部[1]，见图 2-32，管口安装开口塞，温度计插入其中，刻度面向塞子的开口。塞子上的开口可使 b 形管内与大气相通，以免管内的液体和空气受热膨胀而冲开塞子，同时也便于读数。调节温度计位置，使水银球处于 b 形管支管以下的中间位置，见图 2-32，因为此处对流循环好，温度均匀。毛细熔点管通过导热液沾附[2]，也可用橡皮圈套在温度

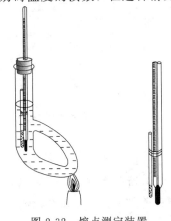

图 2-32　熔点测定装置

计上（注意橡皮圈应在导热液液面之上）。然后，调节毛细管位置，使样品位于水银球的中部，见图 2-32，小心地将温度计垂直伸入浴液中。

【操作方法】

（1）粗测

若测定未知物的熔点，应先粗测一次。仪器和样品安装好后，用小火加热侧管，见图 2-32，使受热液体沿管上升运动，使整管溶液对流循环，温度均匀。粗测时，升温速度可快些，为 5～6℃/min。认真观察并记录现象，直至样品熔化。这样可测得一个近似的熔点。

（2）精测

让热溶液慢慢冷却到样品近似熔点以下 30℃ 左右。在冷却的同时，换上一根新的装有样品的毛细熔点管，做精密的测定。每一次测定必须用新的毛细管另装样品，不能将已测定过的毛细管冷却后再用，因为有时某些物质会产生部分分解，有时会转变成具有不同熔点的其他结晶形式。

精测时，开始升温速度为 5～6℃/min，当离近似熔点 10～15℃ 时，调整火焰，使温度上升约 1℃/min。愈接近熔点，升温速度愈应缓慢，掌握升温速度是准确测定熔点的关键[3]。密切注意毛细熔点管中样品变化情况，当样品开始塌落，并有液相产生时，表示开始熔化（初熔）；当固体刚好完全消失时（全部透明），则表示完全熔化（全熔）。

（3）记录

记下初熔和全熔的两点温度，即为该化合物的熔程。

熔程越短表示样品越纯，写实验报告时决不可将样品熔点写成初熔和全熔两个温度的平均值，而一定要写出温度范围。例如，在 121℃ 时有塌陷现象出现，在 122℃ 时全熔，应记录为"熔点：121～122℃"。

另外，在加热过程中应注意是否有萎缩、变色、发泡、升华、炭化等现象，均应如实记录。

测定已知物熔点时，要测定两次，两次测定的误差不能大于 ±1℃。测定未知物时，要测三次，一次粗测，两次精测，两次精测的误差也不能大于 ±1℃。

熔点测好后应对温度计进行校正。

（4）后处理

实验完毕，取下温度计，让其自然冷却至接近室温时，方可用 H_2O 冲洗，否则，温度计水银球易破裂。若用浓 H_2SO_4 作导热液，温度计用 H_2O 冲洗前，需用废纸擦去 H_2SO_4，以免其遇 H_2O 发热使水银球破裂。等 b 形管冷却后，再将导热液倒入回收瓶中。

（5）特殊样品熔点的测定

因为压力对于熔点影响不大，所以对易升华的化合物，样品装入熔点管后，将上端也烧熔封闭起来，熔点管全部浸入导热液中；对易吸潮的化合物，快速装样后，立即将上端烧熔封闭，以免在测定熔点的过程中，样品吸潮使熔点降低；对低熔点（室温以下）的化合物，将装有样品的熔点管与温度计一起冷却，使样品结成固体，再一起移至一个冷却到同样低温的双套管中，撤去冷却浴，容器内温度慢慢上升，观察熔点。

除了使用上述方法测定熔点外，使用熔点仪测定熔点更方便、快捷。熔点仪有显微熔点测定仪和数字熔点仪。使用时首先要阅读说明书，弄懂仪器构造、使用方法之后再进行操作。

【温度计的校正】

用以上方法测定的熔点往往与真实熔点不完全一致，原因是多方面的，温度计的误差是一个重要因素。因此，要获得准确的温度数据，就必须对所用温度计进行校正。

（1）温度计读数的校正

普通温度计的刻度是在温度计全部均匀受热的情况下刻出来的。但我们在测定温度时常仅将温度计的一部分插入热液中，有一段水银线露在液面外，这样测定的温度比温度计全部浸入液体中所得的结果偏低。因此，要准确测定温度，就必须对外露的水银线造成的误差进行校正。

读数的校正，可按照下式求出水银线的校正值：

$$\Delta t = kn(t_1 - t_2) \tag{2-3}$$

式中　　Δt——外露段水银线的校正值，℃；

t_1——温度计测得的熔点，℃；

t_2——热浴上的气温，℃（用另一支辅助温度计测定，将这支温度计的水银球紧贴于露出液面的一段水银线的中央）；

n——温度计的水银线外露段的度数，℃；

k——水银和玻璃膨胀系数的差。

普通玻璃在不同温度下的 k 值为：$t = 0 \sim 150$℃时，$k = 0.000158$；$t = 200$℃时，$k = 0.000159$；$t = 250$℃时，$k = 0.000161$；$t = 300$℃时，$k = 0.000164$。例如：浴液面在温度计的 30℃处测定的熔点 t_1 为 190℃，则外露段为 $190 - 30 = 160$℃，这样辅助温度计水银球应放在 $160/2 + 30 = 110$℃处。测得 $t_2 = 65$℃，mp 190℃，则 $k = 0.000159$；故照上式则可求出：$\Delta t = 0.000159 \times 160 \times (190 - 65) = 3.18 \approx 3.2$℃。所以，校正后熔点应为 $190 + 3.2 = 193.2$℃。

（2）温度计刻度的校正

市售的温度计，其刻度可能不准，在使用过程中，周期性的加热和冷却，也会导致温度计零点的变动，从而影响测定的结果，因此也要进行校正，这种校正称为温度计刻度的校正。

若进行温度计刻度的校正，则不必再做读数的校正。

温度计刻度的校正通常有两种方法。

① 以纯的有机化合物的熔点为标准　选择数种已知熔点的纯有机物，用该温度计测定它们的熔点，以实测的熔点温度作为纵坐标，实测熔点与已知物熔点的差值为横坐标，画出校正曲线图。这样凡是用这支温度计测得的温度均可由曲线上找到校正数值。

某些适用于以熔点方法校正温度计的标准化合物的熔点见表 2-8（校正时可具体选择其中几种）。

表 2-8　标准化合物的熔点

化合物	mp/℃	化合物	mp/℃
H_2O-冰（蒸馏水制）	0	苯甲酸	122
α-萘胺	50	尿素	133
二苯胺	53	二苯基羟基乙酸	151
苯甲酸苯酯	69.5～71	水杨酸	158
萘	80	对苯二酚	173～174
间二硝基苯	90.02	3,5-二硝基苯甲酸	205
二苯乙二酮	95～96	蒽	216.2～216.4
乙酰苯胺	114	酚酞	262～263

② 与标准温度计比较　将标准温度计与待校正的温度计平行放在热浴中，缓慢均匀加热，每隔 5℃ 分别记下两支温度计的读数，标出偏差量 Δt。

$$\Delta t = 待校正温度计的温度 - 标准温度计的温度$$

以待校正的温度计的温度作纵坐标，Δt 为横坐标，画出校正曲线以供校正。

【实验内容】

（1）准备

领取或拉制 4 根毛细管，两端封口，折成两段，共得 8 根一端封口的毛细管，其中 2 根装已知样品肉桂酸，另外两根装苯甲酸，另 3 根装苯甲酸与肉桂酸的随机混合样品（可以将装完苯甲酸和肉桂酸剩余的样品随机混合均匀，然后装样）。样品要装填得结实均匀，样品高度为 2～3mm。

（2）测定与记录

用提勒管熔点测定装置，分别测定肉桂酸和苯甲酸的熔点，由于熔点已知，只需要精测两次即可。而混合样的熔点未知，需要先粗测一次，然后精测两次。要求精测的误差不能大于 ±1℃。实验数据记录见表 2-9。

表 2-9　熔点测定记录表　　　　　　　　　　　　　　　℃

编　　号	苯甲酸		肉桂酸		混合样	
	初熔	全熔	初熔	全熔	初熔	全熔
1（粗测）						
2（精测）						
3（精测）						

【注释】

[1] 导热液不宜加得太多，以免受热后膨胀溢出引起危险。另外，液面过高易引起毛细熔点管飘移，偏离温度计，影响测定的准确性。

[2] 沾附毛细熔点管时，不要将温度计离开 b 形管管口，以免导热液滴到桌面上。如果是浓 H_2SO_4，则会损坏桌面、衣服等。

[3] 原因有三：①温度计水银球的玻璃壁比毛细熔点管管壁薄，因此水银受热早，样品受热相对较晚，只有缓慢加热才能减少由此带来的误差；②热量从熔点管外传至管内需要时间，所以加热要缓慢；③实验者不能在观察样品熔化的同时读出温度。只有缓慢加热，才能留给实验者以充足的时间，减少误差。如果加热过快，势必引起读数偏高，熔程扩大，甚至只观察到了初熔而观察不到全熔。

思　考　题

1. 测定熔点有什么意义？

2. 影响测定熔点结果的因素可能有哪些？

3. 提勒管中的导热液为什么不能放得太多，也不能放得太少？

4. 接近熔点时升温速度为什么要放慢？

5. 有 A、B、C 三种样品，其熔点范围都是 149～150℃，如何判断它们是否为同一化合物?

6. 测过熔点的毛细管冷却后样品凝固了,为什么不能再测第二次?

7. 测定熔点时,如果有下列情况之一,对测定结果有什么影响?

(1) 毛细管壁太厚;(2) 毛细管不洁净;(3) 样品研得不细;(4) 样品装得不紧;(5) 加热太快;(6) 毛细管底部未完全封闭。

2.14 沸点的测定

【实验目的】

(1) 了解沸点测定的基本原理;

(2) 掌握沸点测定的操作方法。

【基本原理】

液体的分子由于分子运动有从表面逸出的倾向,这种倾向随着温度的升高而增大。如果把液体置于密闭的真空体系中,液体分子会连续不断地逸出液面,形成蒸气。同时,从有蒸气的那一瞬间开始,蒸气分子也不断地回到液体中。当分子由液体逸出的速度与分子由蒸气中回到液体中的速度相等时,液面上的蒸气达到饱和,它对液面所施的压力称为饱和蒸气压(简称蒸气压)。实验证明,液体的蒸气压只与温度有关,即液体在一定温度下具有一定的蒸气压。它与体系中存在的液体和蒸气的绝对量无关。

当液体受热时,其蒸气压随着温度的升高而增大。当液体的蒸气压增加到与外界施于液面的总压力(通常是大气压力)相等时,就有大量气泡从液体内部逸出,即液体沸腾。这时的温度称为液体的沸点。显然,沸点与所受外界压力的大小有关。通常所说的沸点是指 101.325kPa 压力下液体沸腾时的温度,例如水的沸点为 100℃,即是指在 101.325kPa 压力下,100℃时水沸腾。在其他压力下的沸点应注明压力,例如,在 85.326kPa 压力下水在 95℃沸腾,这时水的沸点可以表示为 95℃/85.326kPa。

纯液体化合物在一定的压力下具有一定的沸点,其温度变化范围(沸程)极小,通常不超过 1~2℃若液体中含有杂质,则溶剂的蒸气压降低,沸点随之下降,沸程也扩大。但具有固定沸点的液体有机化合物不一定都是纯的有机化合物,因为某些有机化合物常常和其他组分形成二元或三元共沸混合物,它们也有一定的沸点。尽管如此,沸点仍然可以作为鉴定液体有机化合物和检验物质纯度的重要物理常数之一。

【操作方法】

(1) 常量法(即蒸馏法)测沸点

常量法测沸点所用仪器装置及安装、操作中的要求和注意事项都与普通蒸馏相同。蒸馏过程中,应始终保持温度计水银球上有被冷凝的液滴,这是气-液两相达到平衡的保证。此时温度计的读数才能代表液体(馏出液)的沸点。

记录第一滴馏出液滴入接受器时的温度 t_1,继续加热,并观察温度有无变化,当温度计读数稳定时,此温度即为样品的沸点。样品大部分蒸出(残留 0.5~1mL)时,记录最后的温度 t_2,停止加热。$t_2 - t_1$ 值即是样品的沸程。

(2) 微量法测沸点[1]

① 实验装置   沸点管有内外两管,内管是长 7~8cm、一端封闭、内径为 1mm 的毛细管;外管是长 4~5cm、一端封闭、内径为 4~5mm 的小玻璃管。

将 3～4 滴待测样品滴入沸点管的外管中，将内管开口向下插入外管，然后用橡皮圈把沸点管固定在温度计旁，使装样品的部分位于温度计水银球的中部，见图 2-33(a)。然后将其插入热浴中加热。若用 b 形管加热，应调节温度计的位置使水银球位于竖直管的支管以下的中间部位，见图 2-33(b)。

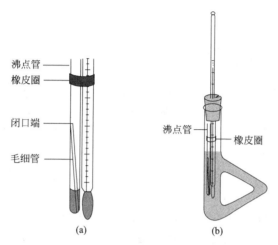

图 2-33　微量法测定沸点的装置

② 实验操作　做好一切准备后，开始加热，由于气体受热膨胀，内管中很快会有小气泡缓缓地从液体中逸出。当温度升到比沸点稍高时，管内逸出的气泡变得快速而连续，表明毛细管内压力超过了大气压。此时立即停止加热，随着浴液温度的降低，气泡逸出的速度也渐渐减慢。当气泡不再冒出而液体刚要进入沸点内管（即最后一个气泡刚要缩回毛细管）时，立即记下此时的温度，即该样品的沸点[1]。

每种样品的测定需重复 2～3 次，所得数值相差不超过 ±1℃。

微量法测沸点应注意三点：第一，加热不能过快，待测液体不宜太少，以防液体全部汽化；第二，内管里的空气要尽量赶干净；第三，观察要仔细及时。

【注释】

[1] 原理：在最初加热时，毛细管内存在的空气膨胀逸出管外，继续加热出现气泡流。当加热停止时，留在毛细管内的唯一蒸气是由毛细管内的样品受热所形成的。此时，若液体受热温度超过其沸点，管内蒸气的压力就高于外压；若液体冷却，其蒸气压下降到低于外压时，液体即被压入毛细管内。当气泡不再冒出而液体刚要进入管内（即最后一个气泡刚要回到管内）的瞬间，毛细管内蒸气压与外压正好相等，所测温度即为液体的沸点。

2.15　液体化合物折射率的测定

【实验目的】

(1) 学习测定折射率对研究有机化合物的意义；

(2) 掌握使用阿贝折光仪测定有机化合物折射率的方法。

【基本原理】

折射率是化合物的重要物理常数之一，固体、液体和气体都有折射率，尤其是液体有机化合物，文献记载更为普遍。通过测定折射率可以判断有机化合物的纯度、鉴定未知化合物

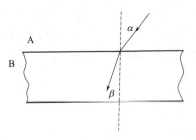

图 2-34　光通过界面时的折射

以及在分馏时配合沸点，作为切割馏分的依据。

光在不同介质中传播的速度是不同的，所以光从一种介质射入另一介质时，在分界面上发生折射现象。根据折射定律，光从介质 A（空气）射入另一个介质 B 时（见图 2-34），入射角 α 与折射角 β 的正弦之比称为折射率 n。

$$n = \frac{\sin\alpha}{\sin\beta}$$

化合物的折射率常常随光线的波长、物质的结构和温度等因素的变化而变化，所以表示折射率时，必须注明光线波长、测定时温度，如 n_D^t，右上角 t 表示测定时的温度（℃），右下角 D 表示钠光 D 线，波长 589.3nm。n_D^t 表示 t℃时，该介质对钠光 D 线的折射率。一般温度升高 1℃，液体化合物的折射率降低 $3.5\times10^{-4}\sim5.5\times10^{-4}$。为了便于不同温度下折射率的换算，一般采用 4×10^{-4} 为温度变化常数，以此进行粗略计算。

【实验仪器】

测定液体化合物折射率常用的仪器是阿贝折光仪。其结构见图 2-35。

阿贝折光仪主要组成部分是两块直角棱镜，上面一块是光滑的棱镜，下面一块是磨砂的棱镜。两块棱镜可以启合。左面有一个镜筒，可观察刻度盘，上面标有 1.3000～1.7000 的格子即折射率读数。右面也有一个镜筒，是测量望远镜，可观察折光情况。筒内安装有消色散棱镜即消色补偿器，可直接使用白光测定折射率，其测得的数值和用钠光测得的结果相同。

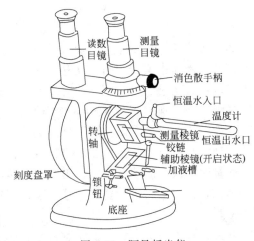

图 2-35　阿贝折光仪

【操作方法】

将折光仪与恒温槽相连接，装好温度计，控制恒温 20℃左右，打开棱镜，上下镜面分别用沾有少量丙酮、乙醇或乙醚的擦镜纸擦拭干净，晾干。

（1）读数的校正

为保证测定时仪器的准确性，对折光仪读数要进行校正。校正的方法是将 2～3 滴蒸馏水滴在毛玻璃棱镜面上，合上两棱镜，调节反光镜使两镜筒内视场明亮，旋转棱镜转动手轮，使刻度盘读数与蒸馏水的折射率一致，再转动消色散棱镜手轮，使明暗界线清晰，再转动棱镜使界线恰好通过"＋"字交叉点，见图 2-36，记下读数与温度，重复两次，将测得蒸馏水的平均折射率与纯水的标准值（n_D^{20} 1.33299）比较[1]，可求得仪器的校正值。

折射率读数还可用标准折光玻璃块校正。偏差较大时可请老师重新调整仪器。

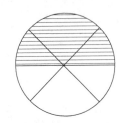

图 2-36　折光仪在临界角时
目镜视野图

（2）样品的测定

① 将 2～3 滴待测定的液体滴在已洗净、晾干的磨砂玻璃棱镜面上[2]，合紧两棱镜使液体均匀无气泡，若测定易挥发样品，

可用滴管从棱镜间小槽处滴入。

②　调节反光镜和小反光镜，使两镜筒视场明亮。

③　旋转棱镜转动手轮，使在目镜中观察到明暗分界线。若出现色散光带，可调节消色散棱镜手轮，使明暗清晰，然后再旋转棱镜转动手轮，使明暗分界线恰好通过目镜中"＋"字交叉点，记录从镜筒中读取的折射率，读至小数点后第四位，同时记下温度。重复测定 2～3 次[3]，取其平均值为样品的折射率。

仪器用毕后洗净两镜面，晾干后合紧两镜，用仪器罩盖好或放入木箱内。

本基本操作在后面合成实验中经常要用到。

【注释】

[1]　不同温度下纯水的折射率见表 2-10。

[2]　阿贝折光仪不得测定强酸、强碱或对棱镜玻璃、保温套金属及其间的黏合剂有腐蚀或溶解作用的液体。滴加样品的滴管末端不可触及棱镜，要注意保护棱镜。

[3]　每测定一次样品后，必须用丙酮或乙醇洗净镜面，并晾干，然后才可做下一次测定。

表 2-10　水在不同温度下的折射率

温度/℃	14	18	20	24	28	32
H_2O 的折射率(n)	1.33348	1.33317	1.33299	1.33262	1.33219	1.33164

思　考　题

1. 每次测定样品折射率前后为什么要擦洗上下棱镜面？

2. 17.5℃时测得 2-甲基-1-丙醇 $n_D^{17.5}=1.3968$，试计算 20℃时其折射率。

2.16　旋光度

【实验目的】

(1) 学习旋光度测定的基本原理；

(2) 熟悉旋光仪的构造以及操作方法。

【基本原理】

某些有机化合物因其分子具有手性，能使偏振光振动平面发生旋转，这类物质称旋光性物质。偏振光通过旋光性物质后，振动平面被旋转的角度称旋光度，用 α 表示。

旋光度的大小可用旋光仪测定。旋光仪的类型很多，但其主要部件和测定原理基本相同。见图 2-37。

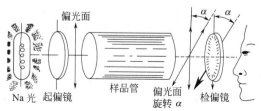

图 2-37　旋光仪结构示意图

从光源发出的 Na 光通过起偏镜，变成平面偏振光。当此偏振光通过盛有旋光性物质的样品管时，振动平面即旋转一个角度，调节附有刻度盘的第二块尼柯尔棱镜（即检偏镜），使最大量的光线通过，检偏镜所旋转的度数和方向均显示在刻度盘上，此数值即该物质在此浓度时的旋光度。刻度盘向右转，样品的旋光性为右旋，用（＋）表示；向左旋转则为左旋，用（－）表示。

物质旋光度的大小除与物质的本性有关外，还与溶液的浓度、溶剂、温度、样品管长度和所用光源的波长等有关，为便于比较各种物质的旋光性能，将每毫升含 1g 旋光性物质的溶液，放在 1dm 长的盛液管中，所测得的旋光度称为比旋光度，用 $[\alpha]$ 表示，比旋光度与旋光度的关系为：

$$[\alpha]_\lambda^t = \frac{\alpha}{c_B \cdot l}$$

式中　α——测得的旋光度；

　　　c_B——物质 B 的质量浓度，$g \cdot mL^{-1}$；

　　　l——样品管的长度，dm；

　　　t——测定时的温度，℃；

　　　λ——所用光源的波长，常用的单色光源为 Na 光灯的 D 线，波长 589.3nm。

通过对旋光性物质旋光度的测定，可以测定旋光性物质的纯度和含量，也可作为鉴定未知物的依据之一。

【操作步骤】

（1）预热

接通电源，打开开关，预热 5min，待 Na 光灯发光正常后即可开始工作[1]。

（2）零点的校正

零点的校正可按下述步骤进行。

① 将样品管洗净，装入蒸馏水，使液面凸出管口，将玻璃盖沿管口轻轻平推盖好，不要带入气泡[2]。然后垫橡皮圈，旋上螺帽，使其不漏水，但不宜过紧[3]。

② 将样品管擦干，放入旋光仪的样品室内，关上盖子，待测。

③ 将刻度盘调至零左右，微动手轮，使视场内三部分亮度一致，见图 2-38。

记下刻度盘上的读数，重复操作 3 次，取平均值。若零点相差太大，则应重新调节。

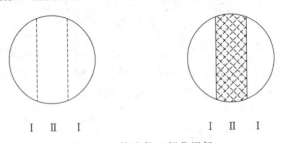

Ⅰ Ⅱ Ⅰ　　　　　　Ⅰ Ⅱ Ⅰ

图 2-38　旋光仪三部分视场

（3）旋光度的测定

准确称取 10g 样品（糖），在 100mL 容量瓶中配成溶液。用少量溶液洗涤样品管两次，依上述方法将溶液装入样品管，测定其旋光度，取 3 次读数的平均值，所得数值与零点的差值即为该样品的旋光度。记下样品管的长度，测定时的温度[4]，按公式计算其比旋光度。

测定完毕，将样品管中的液体倒出，洗净，吹干，并在橡皮垫上加滑石粉保存。

【注释】

［1］旋光仪连续使用时间不宜超过 4h。

［2］蒸馏水或所测溶液中有气泡或悬浮物存在会影响测定。如有气泡时，可将样品管带凸颈的一端向上倾斜至气泡全部进入凸颈为止；如有悬浮物时，溶液应过滤。

［3］螺帽过紧，会使玻璃盖产生扭力，致使管内有空隙，影响旋光。

［4］旋光度与温度的关系：在采用波长 $\lambda=589.3nm$ 的 Na 光进行测定时，温度每升高 $1℃$，旋光度减少约 0.3%。对于要求较高的测定工作，最好能在 $(20\pm2)℃$ 条件下进行。

2.17　相对密度

【实验目的】

（1）学习密度测量的基本原理；

（2）熟悉测定密度的仪器及其操作方法。

【基本原理】

在生产和科研工作中常常需要测定物质的密度，作为纯度鉴定的重要参数。密度又称质量密度，用 ρ 表示，即

$$\rho=m/V$$

密度单位常用 $g\cdot mL^{-1}$ 或 $kg\cdot m^{-3}$。在实际工作中，更多的是使用相对密度，它表示在给定条件下待测物质密度 ρ_1，与参比物质密度 ρ_2 之比，即

$$d=\rho_1/\rho_2$$

相对密度 d 是无量纲的物理量。通常参比物为 H_2O。用符号 d_4^t 表示，含意是 $t(℃)$ 时物质的质量与 $4℃$ 时同体积 H_2O 的质量之比（H_2O 在 $4℃$ 时的密度为 $0.999973g\cdot mL^{-1}$）。手册中查到的数据大多是 d_4^{20} 或 d_{20}^{20}。物质的密度大小与其所处的环境（温度、压力等）有关，液体和固体物质的密度受压力影响较小，可忽略不计。

【操作步骤】

测量相对密度的方法较多，这里介绍密度计法和密度瓶法。

（1）密度计法[1]

密度计是基于浮力原理，其上部细管内有刻度标签表示相对密度，下端球体内装有水银或铅粒。将密度计放入液体样品中即可直接读出其相对密度，该法操作简便迅速，适用于量大且准确度要求不高的测量。

测量时，先将密度计洗净擦干，使其慢慢沉入待测样品中，再轻轻按下少许，使密度计上端也被待测液湿润，然后任其自然上升，直到静止。从水平位置观察，密度计与液面相交处的刻度值即为该样品的相对密度。同时测量样品的温度。

（2）密度瓶法[2]

密度瓶是由带磨口的小锥形瓶和与之配套的磨口毛细管塞组成。当测量精度要求高或样品量少时可用此法。

取洁净、干燥的密度瓶准确称其质量 m_0（精确至 $\pm0.001g$），装满待测液体，将毛细管瓶塞稍压至适当位置（此时应注意瓶内不得有气泡），将由毛细管溢出的液体用滤纸擦干，然后放入恒温槽中，在测量温度下恒温 30min。将瓶中液面调至密度瓶刻度处，擦干外壁，

准确称其质量 m_2。将样品倒出，洗净密度瓶，将瓶干燥，再用同一密度瓶放入 20℃蒸馏水，恒温 30min，用同法称其质量 m_1。每次称量必须取两次称量的平均值。

按下式计算样品的相对密度：

$$d_{20}^t = \frac{m_2 - m_0}{m_1 - m_0}$$

20℃时水的密度为 0.998203g·mL^{-1}。

【注释】

[1] 密度计即为过去的比重计和比轻计。测量相对密度大于 1 的为比重计，小于 1 的为比轻计，使用时要注意密度计上注明的温度。

[2] 密度瓶即为过去的比重瓶，规格有 5cm^3、10cm^3、25cm^3、50cm^3 等。

2.18　色谱法

色谱法又称色层法、层析法，是分离、提纯和鉴定化合物的重要方法之一。早期此法仅用于带颜色化合物的分离，由于显色方法的引入，现已广泛应用于有色和无色化合物的分离和鉴定。

色谱法是一种物理的分离方法，其基本原理是利用混合物各组分在某一物质中的吸附或溶解性能（分配）的不同，或其亲和性能的差异，使混合物的各组分随着流动的液体或气体（称流动相），通过另一种固定不动的固体或液体（称固定相），进行反复的吸附或分配作用，从而使各组分分离。根据其分离原理色谱法可分为分配色谱、吸附色谱、离子交换色谱和排阻色谱等；根据操作条件的不同，又可分为柱色谱、纸色谱、薄层色谱、气相色谱及高效液相色谱等。本节只介绍前 3 种。

2.18.1　柱色谱

【实验目的】

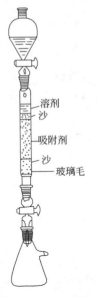

图 2-39　柱色谱装置

（1）学习柱色谱的基本原理；
（2）掌握柱色谱的基本操作。

【基本原理】

柱色谱按其分离原理可分为吸附色谱和分配色谱两种，本节重点介绍吸附色谱。

吸附柱色谱装置见图 2-39。吸附柱色谱通常在玻璃管（色谱柱）中填入表面积很大、经过活化的多孔或粉状固体吸附剂（固定相），如 Al$_2$O$_3$、硅胶等。从柱顶加入样品溶液，当溶液流经吸附柱时，各组分被吸附在柱的上端，然后从柱上方加入洗脱剂，由于各组分吸附能力不同，在固定相上反复发生吸附—解析—再吸附—再解析的过程，由于各物质结构的不同，它们随着洗脱剂向下移动的速度也不同，于是形成了不同色带。继续用溶剂洗脱，已经分开的溶质可以从柱上分别洗出收集。对于柱上不显色的化合物分离时，可用紫外光照射后所呈现的荧光来检查，也可通过薄层色谱逐个鉴定。

（1）吸附剂

常用的吸附剂有 Al_2O_3、硅胶、MgO、$CaCO_3$ 和活性炭等。

选择的吸附剂绝不能与待分离的物质及展开剂发生化学作用。吸附能力与颗粒大小有关，颗粒太小，表面积大，吸附能力高，但溶剂流速太慢；若颗粒太粗，流速快，分离效果差。柱色谱中应用最广泛的是 Al_2O_3，其颗粒大小以通过 $100\sim150$ 目筛孔为宜。Al_2O_3 分为酸性、中性和碱性三种。酸性 Al_2O_3 是用 1% HCl 浸泡后，用蒸馏水洗至悬浮液 pH 值为 $4\sim4.5$，用于分离酸性物质；中性 Al_2O_3 pH 值为 7.5，用于分离生物碱、碳氢化合物等。

吸附剂的活性与其含水量有关，含水量越低，活性越高。Al_2O_3 的活性分五级，其含水量分别为 0，3%，6%，10%，15%。将 Al_2O_3 放在高温炉（$350\sim400$℃）烘 3h，得无水 Al_2O_3。加入不同量的水分，得不同程度活性 Al_2O_3，一般常用 Ⅱ～Ⅲ 级。硅胶也可用上法处理。吸附剂的活性和含水量的关系见表 2-11。

表 2-11　吸附剂的活性和含水量的关系

活　　　　性	Ⅰ	Ⅱ	Ⅲ	Ⅳ	Ⅴ
Al_2O_3 含水量/%	0	3	6	10	15
硅胶含水量/%	0	5	15	25	38

化合物的吸附能力与分子极性有关，分子极性越强，吸附能力越大。Al_2O_3 对各类化合物的吸附性按下列次序递减：

酸、碱＞醇、胺、硫醇＞酯、醛、酮＞芳香族化合物＞卤代物、醚＞烯＞饱和烃

（2）溶剂

溶剂的选择通常是从待分离化合物中各种成分的极性、溶解度和吸附剂的活性等因素来考虑，溶剂选择得合适与否将直接影响到色谱的分离效果。

先将待分离的样品溶解在非极性或极性较小的溶剂中，从柱顶加入，然后用稍有极性的溶剂，使各组分在柱中形成若干谱带，再用极性更大的溶剂或混合溶剂洗脱被吸附的物质。常用洗脱溶剂的洗脱能力按下列次序递增：

己烷和石油醚＜环己烷＜四氯化碳＜三氯乙烯＜二硫化碳＜甲苯＜苯＜二氯甲烷＜氯仿＜乙醚＜乙酸乙酯＜丙酮＜正丙醇＜乙醇＜甲醇＜水＜吡啶＜乙酸

经洗脱出的溶液，可利用后面讲述的纸色谱或薄层色谱进一步鉴定各组分的成分。

【操作步骤】

色谱柱的大小要根据处理量和吸附剂的性质而定，柱的长度与直径比一般为 7.5∶1。吸附剂用量一般为待分离样品的 $30\sim40$ 倍，有时还可再多些。

装柱之前，先将空柱洗净干燥，柱底铺一层玻璃棉或脱脂棉，再铺一层 $0.5\sim1$cm 厚的沙子，然后将吸附剂装入柱内。装柱方法有湿法和干法两种：湿法是先将溶剂倒入柱内约为柱高的 3/4，然后再将一定量的溶剂和吸附剂调成糊状，慢慢倒入柱内，同时打开柱下活塞，使溶剂流出（控制 1 滴/s），吸附剂逐渐下沉。加完吸附剂后，继续让溶剂流出，至吸附剂不再下沉为止。干法是在柱的上端放一漏斗，将吸附剂均匀装入柱内，轻敲柱管，使之填装均匀。加完后，加入溶剂，使吸附剂全部润湿。在吸附剂顶部盖一层 $0.5\sim1$cm 厚的沙子，再继续敲柱身，使沙子上层成水平。在沙子上面放一张与柱内径相当的滤纸。无论采用哪种方式装柱，都必须装填均匀，严格排除空气，吸附剂不能裂缝，否则将影响分离效果。一般说来，湿法比干法装得紧密均匀。

装好色谱柱后,当溶剂降至吸附剂表面时,把已配好的样品溶液小心地加到色谱柱顶端,开启下端活塞,使液体慢慢流出。当溶液液面与吸附剂表面相齐时,再用溶剂洗脱,控制流速 1~2 滴/s,分别收集各组分洗脱液。整个操作过程中都应有溶剂覆盖吸附剂。

【实验内容——色素分离】

(1) 装柱

取一根长 10cm、内径 1cm 的色谱柱,另取少许脱脂棉放于干净的色谱柱底部轻轻塞好,关闭活塞。然后将色谱柱垂直于桌面固定在铁架台上。加入洗脱剂 95％乙醇至柱子高度一半时为止。然后通过干燥的玻璃漏斗慢慢加入一些微晶纤维素粉(若柱壁上沾附有少量微晶纤维素粉,可用少量 95％乙醇溶液冲洗下去),待微晶纤维素粉在柱内沉积高度约为 1cm 时,打开活塞,控制液体下滴速度为 1 滴/s。继续加入微晶纤维素粉,必要时再添加一些 95％乙醇,直到微晶纤维素粉沉积高度达 5cm 时止,然后在微晶纤维素面上盖一片小滤纸片。

装柱时要注意均匀一致,松紧适当,避免柱中存在气泡、裂缝。在装柱过程以及洗脱过程中,要始终保持固定相上面覆盖着一定高度的流动相液面,即柱子上部勿使吸附剂露出,但超出的液面不宜过高。

(2) 分离

当柱中的洗脱剂下降至与滤纸水平时(即与吸附剂表面相切),小心滴加 2~3 滴靛红和罗丹明 B 混合液[1]。然后少量多次地加入 95％乙醇溶液,进行洗脱,并用一个锥形瓶在柱下承接。当有一种染料从色谱柱中被完全洗脱下来后,将洗脱剂改换成蒸馏水继续洗脱,同时更换另一个小烧杯作接受器。待第二种染料被全部洗脱下来后,即分离完全,停止层析操作。

【注释】

[1] 靛红和罗丹明 B 混合液的配制方法:分别称取 0.4g 靛红和罗丹明 B 于一只烧杯中,加入 200mL 95％乙醇使之溶解即可。注意:靛红为蓝色染料,罗丹明 B 为红色染料。

思　考　题

1. 实验中微晶纤维素、乙醇和蒸馏水各起什么作用?
2. 若色谱柱填装不均匀,对分离效果有何影响?
3. 为什么极性大的组分要用极性较大的溶剂洗脱?

2.18.2　纸色谱

【实验目的】

(1) 学习纸色谱的基本原理;

(2) 掌握纸色谱的基本操作。

【基本原理】

纸色谱是以滤纸作为载体,让样品溶液在滤纸上展开而达到分离的目的。纸色谱属分配色谱的一种。纸色谱的溶剂是由有机溶剂和水组成的。当有机溶剂和水部分溶解时,一相是以水饱和的有机溶剂相,一相是以有机溶剂饱和的水相。纸层析用滤纸作为载体,因为纸纤维和水有较大的亲和力,对有机溶剂则较差。水相为固定相;有机相(被水饱和)为流动相，称为展开剂。在滤纸的一定部位点上样品，当有机相沿滤纸流动经过原点时，即在滤纸上的水与流动相间连续发生多次分配，结果在流动相中具有较大溶解度的物质随溶剂移动的速度较快，而在水中溶解度较大的物质随溶剂移动的速度较慢，这样便能把混合物分开。

根据待分离物质的不同，要选用合适的展开剂。展开剂应对待分离物质有一定的溶解度，溶解度太大，待分离物质会随展开剂跑到前沿；太小，则会留在原点附近，使分离效果不好。选择展开剂应注意下列几点。

① 能溶于水的化合物，以吸附在滤纸上的水作为固定相，以与水能混合的有机溶剂（如醇类）作为展开剂。

② 难溶于水的极性化合物，以非水极性溶剂（如甲酰胺、N, N-二甲基甲酰胺等）作为固定相，以不能与固定相结合的非极性溶剂（如环己烷、苯、四氯化碳、氯仿）作为展开剂。

③ 对溶于水的非极性化合物，以非极性溶剂（如液体石蜡）作为固定相，极性溶剂（如水、含水的乙醇、含水的酸等）作为展开剂。

【操作步骤】

（1）滤纸的选择

滤纸厚薄应该均匀，全纸平整无折痕，滤纸纤维松紧适宜，能够吸收一定量的水，可用新华 1 号滤纸。使用时将滤纸切成纸条，大小可自行选择，一般为 $3cm \times 20cm$，$5cm \times 30cm$ 或 $8cm \times 50cm$。纸色谱的装置见图 2-40。

（2）点样

取少量试样，用水或易挥发的溶剂（如乙醇、丙酮、乙醚等）溶解，配制成约为 1% 的溶液。用铅笔

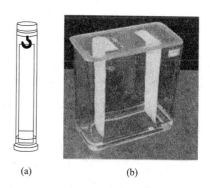

(a)　　　　(b)

图 2-40　纸色谱装置

在滤纸一端 $2 \sim 3cm$ 处画线，标明点样位置，用毛细管吸取少量试样溶液，在起点线上点样，控制点样直径在 $0.2 \sim 0.5cm$，然后将其晾干或在红外灯下烘干。

（3）展开

将已干燥好的滤纸悬挂在玻璃勾上，或用糨糊粘附在层析缸的盖上，见图 2-40，置于已被展开剂饱和的层析缸中，将点有样品的一端浸入展开剂中（约 1cm），但试样斑点必须在展开剂液面之上，展开剂在滤纸上上升，样品中各组分随之而展开。

（4）显色

展开完毕，取出层析滤纸，画出展开剂上升前沿。如果化合物本身有颜色，可直接观察斑点。若本身无色，可用显色剂喷雾显色或在紫外灯下观察有无荧光斑点，并用铅笔在滤纸上画出斑点位置及形状。

（5）比移值 R_f

在固定的条件下，不同化合物在滤纸上依不同的速度移动，所以各个化合物的位置也各不相同，通常用距离表示移动的位置，见图 2-41。比移值 R_f 的计算公式如下：

$$R_f = \frac{\text{溶质最高浓度中心到点样点中心的距离}(a)}{\text{溶剂上升的前沿到点样点中心的距离}(b)}$$

当温度、滤纸质量和展开剂等外在因素都相等时，对于一个化合物，其比移值是一个特定的常数，可以作为定性分析的依据。由于影响比移值的因素很多，实验数据往往与文献记

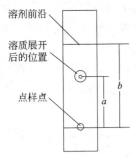

溶剂前沿

溶质展开
后的位置

点样点

图 2-41　纸色谱展开图

载不完全相同。因此在对未知物鉴定时，应该用标准物质与样品在同一张滤纸上做对照。

【实验内容】

(1) 氨基酸分离

① 滤纸准备　用干净的剪刀剪好一条长 15cm、宽 1.5cm 的滤纸，用铅笔在距离一端约 2cm 处画一条点样线。在整个过程中，注意不要用手触摸滤纸表面，以免手上汗渍玷污滤纸。

② 点样　用毛细管取已知氨基酸混合样在滤纸条的左侧点样，点样点直径在 0.2cm 左右；再用另一支毛细管取某一未知氨基酸样品在滤纸右侧点样。

③ 展开　滤纸以点样的一端向下，小心地悬挂于一支事先盛有 1cm 高度的展开剂（$n\text{-}C_4H_9OH$：HAc：H_2O 为 4：1：1）的大试管中，见图 2-40(a)。纸的边沿不要靠在试管壁上，用塞子塞紧试管，静置。

④ 显色　溶剂前沿达到滤纸的 2/3 高度左右时，取出纸条，马上标出溶剂前沿的位置，晾干，均匀喷上茚三酮溶液，干燥（用电吹风吹干或在电炉上烘烤）后出现紫色斑点。

⑤ 计算 R_f　分别测量点样点中心至每个斑点中心间的距离 a 值以及点样点中心到溶剂前沿的距离 b，计算 R_f，把未知样 R_f 值与已知样品的 R_f 值进行比较，判断未知样是哪一种氨基酸。

(2) 苯胺、联苯胺混合样品分析

① 滤纸准备　用干净的剪刀剪好一条长 20cm、宽 5cm 的滤纸，在距离滤纸一端 2cm 处进行折叠，折叠的一端作为粘贴处，待点完样后，用于涂抹糨糊，粘于层析缸盖上。此处可以用手触摸，用来练习点样。用铅笔在距离另一端约 2cm 和 12cm 处各画一条线，作为点样线以及溶剂前沿线。然后在点样位置线上均匀点 3 个点作为点样位置，点样位置不要太靠边，见图 2-42(b)。在整个过程中，注意不要用手触摸溶剂前沿线以下的滤纸表面，以免手上汗渍玷污滤纸。

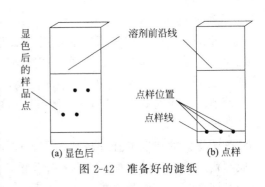

(a) 显色后　　　　(b) 点样

图 2-42　准备好的滤纸

② 点样　分别用毛细管取苯胺、联苯胺（均为稀盐酸的乙醇溶液）以及两者混合物。首先在一小片滤纸上或在粘贴处练习点样，点样手法练习准确后，依次点在层析纸标记好的位置上，点样点直径在 0.3cm 左右。

③ 展开　两张点好样的滤纸以点样的一端向下，平行地粘附于一个事先盛有 1cm 高度的展开剂（$n\text{-}C_4H_9OH$：6mol/L HCl 为 4：1）的层析缸的盖上，小心盖好盖，见图 2-40(b)。纸的边沿不要靠在层析缸的壁上或底上。盖严，静置。

④ 显色　溶剂前沿达到标记好的高度时，取出纸条，晾干，均匀喷上显色剂（1%对二甲氨基苯甲醛乙醇溶液），干燥。苯胺出现黄色斑点[1]，联苯胺出现橙色斑点，混合样出现两个斑点，见图 2-42(a)。

⑤ 计算 R_f 值　分别测量点样点中心至每个斑点中心间的距离 a 值以及点样点中心到溶

剂前沿的距离 b，计算 R_f 值，把混合样 R_f 值与苯胺、联苯胺的 R_f 值进行比较，结合斑点颜色，判断混合样中哪一点是苯胺，哪一点是联苯胺。

【注释】

［1］当酸度不够时，有时会出现两个斑点，前一个斑点跟着溶剂前沿走，计算 R_f 值时应该用后一个斑点计算。

思 考 题

1. 在滤纸上记录原点位置时，为什么用铅笔而不用钢笔或圆珠笔？

2. 在同一张层析纸上，单独的氨基酸的 R_f 值与在混合液中该氨基酸的 R_f 值是否相同，为什么？

3. 在层析纸上点的样品斑点过大，会有什么后果？

4. 样品斑点不能浸到展开剂中，为什么？

2.18.3　薄层色谱

【实验目的】

(1) 学习薄层色谱的原理和应用；

(2) 掌握薄层色谱的基本操作方法。

【基本原理】

薄层色谱（薄层层析）是近年来发展起来的一种微量、快速、简便的分析分离方法，它兼有柱色谱和纸色谱的优点。薄层色谱不仅适用于小量样品（$1\sim100\mu g$，甚至 $0.01\mu g$）的分离，也适用于较大量样品的精制（可达 $500mg$），特别适用于挥发性较小，或在较低温度下容易发生变化而又不能用气相色谱分离的化合物。

薄层色谱是将吸附剂均匀地涂在玻璃板上作为固定相，经干燥、活化后点样，在展开剂（流动相）中展开。当展开剂沿薄板上升时，混合样品中易被固定相吸附的组分移动较慢，而较难被固定相吸附的组分移动较快。利用各组分在展开剂中溶解能力和被吸附能力的不同，最终将各组分分开。

薄层色谱中常用的吸附剂有 Al_2O_3 和硅胶等。硅胶是无定形多孔性物质，略具酸性。适用于酸性和中性物质的分离和分析。商品薄层色谱用的硅胶分为：硅胶 H——不含黏合剂和其他添加剂的层析用硅胶；硅胶 G——含煅石膏（$CaSO_4\cdot H_2O$）作黏合剂的层析用硅胶；硅胶 HF_{254}——含荧光物质层析用硅胶；硅胶 GF_{254}——含煅石膏、荧光物质的层析用硅胶，可在波长 $254nm$ 紫外光下观察荧光。

薄层色谱用的 Al_2O_3 也分为 Al_2O_3-G，Al_2O_3-HF_{254} 及 Al_2O_3-GF_{254}。

【操作步骤】

(1) 薄层板的制备

薄层板的好坏直接影响到色谱的结果，薄层应尽可能地均匀而且厚度（$0.25\sim1mm$）要固定，否则展开时溶剂前沿不齐，色谱结果也不易重复。

薄层板的制备方法按铺层的方法不同，分为平铺法、倾注法和浸涂法三种。

制湿板前首先要制备浆料。称取 $3g$ 硅胶 G，加 $7mL$ 水，立即调成糊状物（可铺 $3cm\times$

10cm 载玻片两块）。

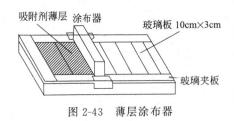

图 2-43　薄层涂布器

平铺法：用购置或自制的薄层涂布器（图 2-43），把洗净的几块玻璃板在涂布器中间摆好，上下两边各夹一块比前者厚 0.25mm 的玻璃板，在涂布器槽中倒入糊状物，将涂布器自左向右推，即可将糊状物均匀地涂在玻璃板上。

倾注法：将调好的糊状物迅速均匀地倒在玻璃板上，用手拿玻璃板一端，另一只手在下面轻轻敲击玻璃板，使吸附剂均匀地摊在玻璃板上，然后放于水平的桌面上晾干。

浸渍法：将两块干净的载玻片对齐紧贴在一起，浸入浆料中，使载玻片上涂上一层均匀的吸附剂，取出分开，晾干。

（2）活化

将晾干的薄层板置于烘箱中加热活化。硅胶板在烘箱中一般要慢慢升温，维持 105～110℃活化 30min。Al_2O_3 板在 150～160℃活化 4h。薄层板的活性与含水量有关，其活性随含水量的增加而下降。

（3）点样

在距薄层板一端 2cm 处，作为点样线。用内径 1mm 管口平齐的毛细管吸取 1% 样品溶液，垂直地轻轻接触到点样线上，待第 1 次点的样点溶剂挥发后，再在原处重复点第二次，点样斑点直径一般不超过 2mm。样品的用量对物质的分离有很大的影响，若样品量太小，有的成分不易显出；若量太多，斑点过大，易造成交叉和拖尾现象。一块薄层板可以点多个样，但点样点之间距离以 1～1.5cm 为宜。

（4）展开

薄层板的展开在层析缸中进行，见图 2-44。将点好样品的薄层板倾斜放入层析缸中进行展开，一般薄层板浸至 0.5cm 高度，勿使样品浸入展开剂中。当展开剂上升到距薄层板顶端 1～1.5cm 处，混合物各组分已明显分开时，取出薄层板，立即画出展开剂前沿的位置，展开剂挥发后即可显色。

图 2-44　薄层层析

（5）显色

若样品各组分本身有颜色，则可直接观察斑点。若样品本身无色，则可在溶剂挥发后用显色剂显色；对于含有荧光的薄层板在紫外光下观察。斑点显色后，立即用铅笔标出各斑点的位置。

（6）比移值（R_f）

计算各组分的 R_f。

【实验内容】

（1）菠菜叶色素的分离

植物的叶、茎和果实都含有胡萝卜素、叶黄素和叶绿素等各种色素，但由于前两种颜色较浅，在夏季时被叶绿素的绿色所遮蔽，到秋季叶绿素被破坏以后，它们的颜色才能显现出来。

叶绿素有 a 和 b 两种，都不溶于 H_2O 而溶于苯、乙醚、氯仿、丙酮等有机溶剂。叶绿素 a 为蓝黑色固体，在乙醇溶液中呈蓝绿色；叶绿素 b 为暗绿色固体，其乙醇溶液呈黄绿色。

胡萝卜素是一种橙黄色的天然色素，有 α、β、γ 三种异构体，在植物中以 β 异构体含量最高。

叶黄素是一种黄色色素，其结构与胡萝卜素相似，属于胡萝卜色素类化合物。

① 薄层板的制备　称取 2.5g 硅胶 G 于小烧杯中，加约 7mL 蒸馏水，立即充分研调成均匀糊状，分倒在两块备好的玻璃板上，迅速拿起，轻轻敲击，以使硅胶 G 均匀地摊在玻璃板上，要求表面光滑，没有气泡。涂好的玻璃板放置于水平桌面上晾干表面的水分，再放入烘箱中于 105～110℃活化 30min，取出后冷却备用。

② 叶色素的提取　在研钵中放入几片（约 5g）菠菜叶（新鲜的或冷冻的都可以，如果是冷冻的，解冻后包在纸中轻压吸去水分），加入 10mL 2:1 的石油醚和乙醇混合液，适当研磨（不要研成糊状，否则会给分离造成困难）。将提取液用滴管转移至分液漏斗中，加入 10mL 饱和 NaCl 溶液（防止生成乳浊液）除去水溶性物质，分去水层，再用蒸馏水洗涤两次。将有机层转入干燥的小锥形瓶中，加 2g 无水 Na_2SO_4 干燥。干燥后的液体倾至另一锥形瓶中（如溶液颜色太浅，可在通风柜中适当蒸发浓缩）。

③ 点样　用一根内径 1mm 的毛细管，吸取适量提取液，轻轻地点在距薄板一端 1.5cm 处点样，平行点两点，两点相距 1cm 左右。若一次点样不够，可待样品溶剂挥发后，再在原处点第二次，但点样斑点直径不得超过 2mm。注意点样时不要触破硅胶层。

④ 展开　在干燥的层析缸中加入高度约 0.8cm 的展开剂（苯:丙酮:石油醚为 2:1:2），盖好缸盖并摇动，使其为溶剂蒸气所饱和。将点好样品的薄板点样一端向下，倾斜置于层析缸中（勿使样品斑点侵入展开剂），盖好缸盖，见图 2-44。当溶剂润湿的前沿上升至距板的上端约 1cm 时，取出薄板，在溶剂前沿处画一直线，晾干。

⑤ 计算各叶色素的 R_f 值　有兴趣的同学，还可利用各种来源的绿色叶子，多做几种比较其结果。

（2）松针色素的薄层分离

① 铺板　称取 2.5g 硅胶 G 于小烧杯中，加约 7mL 蒸馏水，立即充分搅拌成均匀糊状，倒在准备好的玻璃板上，迅速拿住玻璃板的一端，在下面用手轻轻敲击，以使硅胶 G 均匀地涂在玻璃板上，要求表面光滑，没有气泡。涂好的玻璃板放置于水平桌面上晾干表面的水分后放入烘箱中于 105～110℃活化 30min，取出后冷却备用。

② 松针叶色素的提取　称取剪碎的洁净松针 2g，放入试管中，加入 15mL 提取剂（苯:乙醇:石油醚为 1:3:9），充分振荡，并在水浴上温热，浸泡 30min 后，用倾析法将萃取液倒入一个带支管的试管中，小心不要把下层可能存在的水分倒出来，连接水泵，在水浴中温热着减压蒸发至剩余 1mL 左右，移入点样瓶。

③ 点样　用一根内径 1mm 的毛细管，吸取适量提取液，轻轻地点在距薄板一端 2cm 处。若一次点样不够，可待样品溶剂挥发后，再在原处点第二次、第三次，但点样斑点直径不得超过 3mm。

④ 展开　在干燥的层析缸中加入高度约 1cm 的展开剂（苯:乙醇:石油醚为 2:1:8），盖好缸盖并摇动，使其为溶剂蒸气所饱和。将点好样品的薄板用点样一端倾斜置于展开缸中（勿使样品斑点侵入展开剂），盖好缸盖，见图 2-44。当溶剂润湿的前沿上升至距板的

上端约 1cm 时，取出薄板，在溶剂前沿处画一直线，晾干。

⑤ 找出松针或者每个有色点都独立分开时，提取液中的有色物质产生的斑点，记录其颜色和 a 值，分别计算其 R_f 值。

思 考 题

1. 若实验时不慎将斑点侵入展开剂中，会产生什么后果？
2. 样品斑点过大对分离效果会产生什么影响？
3. 为什么层析缸必须尽量密闭，在展开过程中不能让溶剂蒸发掉？

2.19 红外光谱

【实验目的】

了解红外光谱的基本原理和一般应用。

【基本原理】

红外光谱（Infrared Spectroscopy，IR）主要用来鉴定有机化合物的官能团以及通过与红外标准光谱对照来确定化合物的结构，也可通过红外光谱与其他波谱相结合较快地推测未收入标准谱图的化合物或复杂未知化合物的结构。

红外光谱所用的频率一般主要指中红外，其频率范围是 $4000 \sim 650 cm^{-1}$（波数）或 $2.5 \sim 15 \mu m$（波长），波数和波长之间的关系为：

$$\bar{\nu} = \frac{1}{\lambda} \times 10^4$$

红外光谱图中，横坐标表示波长（$\lambda / \mu m$）或波数（σ）。现在一般以波数表示居多，表示吸收峰的位置。纵坐标为透光率 T，表示吸收强度。

红外光谱是由分子振动产生的，分子振动主要有两种形式，即伸缩振动和弯曲振动。以亚甲基为例，说明各种不同振动方式，见图 2-45。

由此可见，每种基本振动，都具有一个特征频率（基频），有几种振动方式，就会出现几个吸收谱带，其他的官能团也是如此。经过大量实验事实研究表明，不同化合物中有相同官能团或化学键，在红外光谱图中吸收带的位置大致相同，各种基团都有自己特定的红外吸收区，其相应吸收峰所在位置称为特征吸收频率，见表 2-12。

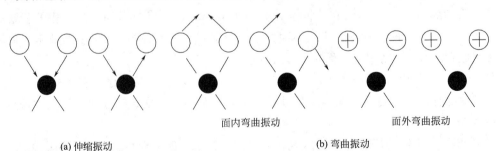

(a) 伸缩振动　　　　　　　　　　(b) 弯曲振动

图 2-45　亚甲基上原子各种振动方式

表 2-12　常见官能团和化学键的特征吸收频率

基　团	频率/cm^{-1}	强　度
A. 烷基		(m-s)
C—H(伸缩)	2853～2962	(s)
—CH(CH$_3$)$_2$	1380～1385 及 1365～1370	(s)
—C(CH$_3$)$_3$	1385～1395 及 ～1365	(m)
		(s)
B. 烯烃基		
C—H(伸缩)	3010～3095	(m)
C=C(伸缩)	1620～1680	(v)
R—CH=CH$_2$	985～1000 及 905～920	(s)
R$_2$C=CH$_2$ ⎫ C—H 面外弯曲	880～900	(s)
(Z)-RCH=CHR ⎬	675～730	(s)
(E)-RCH=CHR ⎭	960～975	(s)
C. 炔烃基		
≡C—H(伸缩)	～3300	(s)
C≡C(伸缩)	2100～2260	(v)
D. 芳烃基		
Ar—H(伸缩)	～3030	(v)
芳环取代类型(C—H 面外弯曲)		(v,s)
一取代	690～710 及 730～770	(v,s)
邻二取代	735～770	(s)
间二取代	680～725 及 750～810	(s)
对二取代	790～840	(s)
		(s)
E. 醇、酚和羧酸		
OH(醇、酚)	3200～3600	(宽,s)
OH(羧酸)	2500～3600	(宽,s)
F. 醛、酮、酯和羧酸		
C=O(伸缩)	1690～1750	(s)
G. 胺		
N—H(伸缩)	3300～3500	(m)
E. 腈		
C≡N(伸缩)	2200～2600	(m)

　　化学键振动的频率与相应键的强度（力常数）及相对原子质量有关，它们的关系是：

$$\overline{\nu}=\frac{1}{2\pi c}\sqrt{k\left(\frac{1}{m_1+m_2}\right)}$$

式中　　m_1，m_2——两个原子的相对原子质量；

　　　　　　c——光速；

　　　　　　k——键的力常数。

　　从公式中可看出，化学键越强，相对原子质量越小，振动频率越高。

　　红外光谱通常可分为两个区域即官能团区和指纹区。官能团区的频率范围是 4000～1400cm^{-1}，主要由分子伸缩振动引起，它对定性鉴定有机化合物官能团十分有用。1400～650cm^{-1} 称为指纹区，在该区域中既有化学键的弯曲振动又有部分单键的伸缩振动吸收，吸收峰的数目较多，分子结构只要有微小变化，在该区域就会出现显著的变化，就像每个人的指纹各不相同一样，故称指纹区。若某化合物指纹区与某标准谱图相同，则该化合物和标准谱图所示的可能是同一化合物，所以指纹区对鉴定化合物起着重要的作用。

【实验操作】

红外分光光度计的结构主要由五部分组成：光源、单色器、检测器、放大器及记录机械装置，见图2 46。

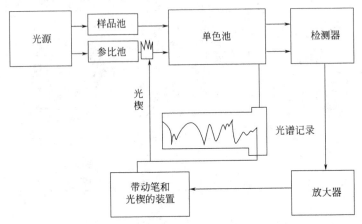

图 2-46　双光束红外分光光度计简图

红外光谱仪中的样品池一般都由氯化钠、溴化钾等金属卤化物制备，因为金属卤化物不吸收红外线。

红外光谱仪对气体、液体、固体样品都可进行分析。

（1）气体进样　气体样品要在气体池中进行测定。先把气体池中的空气抽掉，然后注入被测气体进行测定。

（2）液体样品　将液体样品直接滴于盐片上，再盖上一块盐片使样品形成薄膜，这称为液膜法。对于易挥发的低沸点液体样品，可用注射器直接注到固定密封吸收池中进行测定。

（3）固体样品　固体样品制样有两种方法：压片法、糊状法。

【实验内容】

（1）压片法

取 2～3mg 样品，置于玛瑙研钵中研成粉末，然后再加入 300mg 无水溴化钾，继续研磨成粉末，使其混合均匀，装到能抽真空的模具中，在真空下加压制成透明薄片进行测定。

（2）糊状法

将 2～3mg 样品与少量（1～2 滴）石蜡油在玛瑙研钵中研成糊状，使其分散均匀，然后将此糊状物夹在盐片之间进行测定。此法缺点是石蜡油在 2900cm^{-1}、1465cm^{-1} 及 1380cm^{-1} 附近有吸收峰。

测定样品必须保证无水。测试报告一定要标明样品名称、所用方法等。

测定得到的红外光谱图要进行解析。一般先解析官能团区，后看指纹区；先看高频区，后看低频区；先看强峰，后解析弱峰。但必须指出红外光谱只能确定分子中的官能团，而较难确定分子的准确结构。确定分子结构还必须借助于其他波谱，甚至化学方法配合。目前有许多化合物的红外光谱被人们汇集成册，若测得化合物的红外谱图与某一标准光谱图完全一致，则基本上可确定被测定的化合物的分子就是标准红外光谱图上的分子。

2.20　核磁共振谱

【实验目的】

（1）了解核磁共振谱的基本原理和一般应用；

（2）了解连续波核磁共振仪的工作原理及操作方法；

（3）学习核磁共振谱的测定方法及简单有机物的谱图解析。

【基本原理】

核磁共振谱（Nuclear Magnetic Resonance Spectroscopy，NMR）在有机物结构测定中有着广泛的应用。它主要用于准确地测定分子中不同氢原子的位置及数目，并可通过对照核磁共振标准谱图来确定化合物的结构。

核磁共振谱的基本原理是具有磁矩的氢核，在外加磁场中磁矩有两种取向：一种与外加磁场同向，能量较低；另一种与外加磁场反向，能量较高。两者的能量差 ΔE 与外磁场强度 H_0 成正比：

$$\Delta E = \gamma \frac{h}{2\pi} H_0$$

式中，γ、h、H_0 分别为核的旋磁比、普朗克常数、外磁场强度。

如果在与磁场 H_0 垂直的方向，用一定频率的电磁波作用到氢核上，当电磁波的能量 $h\nu$ 正好等于能级差 ΔE 时，氢核就会吸收能量从低能态跃迁到激发态。即发生"共振"现象。所以核磁共振必须满足下列条件：

$$h\nu = \Delta E = \gamma \frac{h}{2\pi} H_0, \text{即 } \nu = \frac{\gamma}{2\pi} H_0$$

式中，ν 为电磁波的频率。

在实际的分子环境中，氢核外面是被电子云所包围的，电子云对氢核有屏蔽作用，从而使得氢核所感受到的磁场强度不是 H_0 而是 H'。在有机化合物分子中，不同类型的氢核其周围的电子云屏蔽作用是不同的。也就是说，不同类型的质子，在静电磁场作用下，其共振频率并不相同，从而导致图谱上信号的位移。由于这种位移是因为质子周围的化学环境不同而引起的，故称为化学位移。化学位移用 δ 表示，其定义为：

$$\delta = \frac{H_{样品} - H_{标准}}{H_0} \times 10^6$$

常用的标准物为四甲基硅烷（TMS），规定 TMS 的 δ 值为零。表 2-13 列出了一些常见基团中质子的化学位移。

表 2-13　常见基团中质子的化学位移

质子类型	化学位移 δ	质子类型	化学位移 δ
C$\underline{H}_3$	0.9	C$_6$H$_6$	约 7.2
C$\underline{H}_2$	1.3	C$_6$H$_5$C$\underline{H}_3$	2.3
C$\underline{H}$	1.5	C$\underline{H}_2$F	4
=C$\underline{H}_2$	4.5~5.3	C$\underline{H}_2$Cl	3~4
≡C$\underline{H}$	2~3	C$\underline{H}_2$Br	3.5

续表

质子类型	化学位移 δ	质子类型	化学位移 δ
C<u>H</u>₂I	3.2	COO<u>H</u>	10～12
O<u>H</u>	1～5	RCOOC<u>H</u>	3.7～4
OC<u>H</u>₃	3.5～4	RCOC<u>H</u>	2～3
C<u>H</u>O	9～10		
C<u>H</u>₂COOH	2	RN<u>H</u>₂	1～5

【实验仪器】

核磁共振谱仪根据电磁波的来源，可分为连续波和脉冲-傅里叶变换两类；如按磁场产生的方式，可分为永久磁铁、电磁铁和超导磁体三种；也可按磁场强度不同，分为 60MHz、90MHz、100MHz、200MHz、500MHz 等多种型号，一般兆数越高，仪器分辨率越好。

核磁共振谱仪主要由磁铁、射频振荡器和线圈、扫场发生器和线圈、射频接受器和线圈以及示波器和记录仪等部件组成，见图 2-47。

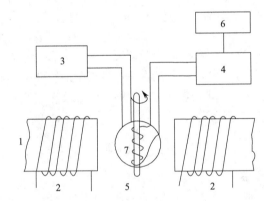

图 2-47　核磁共振仪示意图
1—磁铁；2—扫场线圈；3—射频振荡器；4—射频接受器及放大器；
5—试样管；6—记录仪和示波器；7—射频线圈

在核磁共振谱测定时，将样品装在内径为 5mm、长 200mm 的核磁试样管中，一般是液体样品，或者配成溶液，但所用的溶剂本身必须不含 H 质子，或用氘代试剂。四氯化碳、氘代氯仿是最常用的，有时也用重水（D₂O）。

下面简介 PMX60Si 高分辨核磁共振仪的使用方法。

PMX60Si 是使用永久磁铁的连续波核磁共振仪。该仪器的主要部件由磁控台、谱仪、示波器和记录仪四个部分组成。磁控台里有永久磁铁、射频发射线圈和接收线圈等。试样管通过磁控台中央的探头孔放入磁场中。为了使样品中的氢核在磁场中平均化，其中的空气泵使样品管做每秒 30 转的旋转。谱仪上是调节电磁波的各种控制旋钮。在仪器调试过程中，可以通过示波器观察信号，最后通过记录仪得到核磁共振谱图。

PMX60Si 核磁共振谱仪的操作步骤大致为：放置样品管、寻找吸收信号、调节分辨率、调相位、扫描记录谱图和记录积分曲线。

得到的核磁谱图要进行解析，可以从化学位移值推测存在哪些类型的质子；从积分曲线获得各类质子的数目比；从偶合裂分了解邻位碳原子上氢的数目；从而可以推知化合物的结构。若是已知化合物，还可以与标准的核磁共振谱图对照，以确定化合物结构是否正确、是否有杂质等。

【实验内容】

（1）混合标准样品的测定

① 打开磁控台上的空气泵开关，将装有混合标样的核磁试样管插入探头孔内，并使其旋转。

② 打开示波器，通过调节谱仪上的磁场调节旋钮，使示波器上有信号出现，并将右边第一个峰（TMS）调至屏幕中央。

③ 调节谱仪上的两个分辨率调节钮，使出现的波形均匀、对称。

④ 设置操作条件，放置好记录纸，调节 TMS "set" 键，使 TMS 峰为 0，设置好扫描参数，扫描并记录谱图。

⑤ 将实验条件、日期等记录在谱图上。

⑥ 混合标样由丙酮、二氯甲烷、二氧六环、氯仿、环己烷及 TMS 组成。标出各吸收峰的化学位移值，并确定各峰的归属。

（2）乙苯标样的测定

① 将混合标样换成乙苯，将试样管置于探头孔中，并使其旋转。

② 重复（1）中的②③④的操作。

③ 按下谱仪上的积分 "Integ" 键，调节平衡 "Blance" 旋钮，使笔不漂移；进行积分扫描并记录积分曲线。

④ 分析谱图中的化学位移、偶合裂分和积分高度比，并与乙苯结构中各质子对应起来。

（3）合成有机物的测定

① 取 10～20mg 样品，装入盛有 0.5mL CCl_4 的小试管中，溶解后小心地装入核磁试样管（高约 2cm），再滴加 TMS 两滴，摇匀后盖上盖子。

② 按照与乙苯标样相同的步骤进行操作测定。

③ 对所得谱图进行数据处理和分析。

思　考　题

1. 由核磁共振谱能获得哪些信息？

2. 什么是化学位移？它对物质结构分析有何意义？

第 3 章　单元反应与有机物的制备

3.1　消除反应——引入 C=C 键

在实验室主要用醇脱水或卤代烃脱卤化氢来制备烯烃。醇的脱水，可以用硫酸、磷酸等脱水剂来进行。醇的脱水活性大小与其结构有关，一般说来，脱水速度是叔醇＞仲醇＞伯醇。由于高浓度的硫酸会导致烯烃的聚合、碳架重排以及醇分子间脱水，所以乙醇脱水反应中的主要副产物是烯烃的聚合物、重排产物和醚。

根据烯的沸点比制备它的醇的沸点低得多这一事实，将醇和酸的混合物加热到烯与醇的沸点温度之间，烯和水生成后从反应瓶中蒸馏出来，未变化的醇进一步和酸作用，直至反应完成。

制备实验 1　环己烯的制备

【反应式】

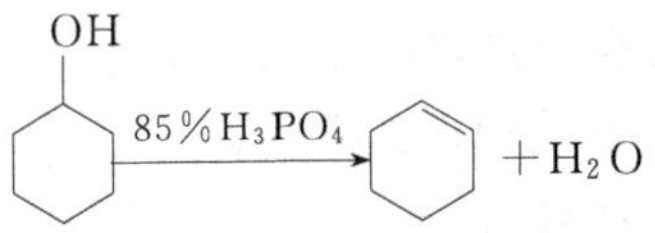

【药品】

环己醇 5mL（0.048mol），85％磷酸 2.5mL，饱和食盐水，无水氯化钙。

【实验步骤】

在 25mL 圆底烧瓶中放入 5mL 环己醇[1]及 2.5mL 85％磷酸，充分振荡使两种液体混合均匀，投入 2 粒沸石，安装分馏装置。

用电热套[2]加热混合物至沸腾，控制柱顶温度不超过 90℃，直到无馏出液为止，停止加热。

将馏出液移入分液漏斗，分去水层。加入等体积饱和食盐水充分振荡静置，分去水层。油层转移到干燥的小锥形瓶中，加入少量无水氯化钙，塞好塞子，干燥 15min，并不断振摇，至油层澄清、透明。将干燥的粗制环己烯进行蒸馏，收集 80～85℃的馏分。

纯环己烯为无色透明液体，bp 83℃，d_5^{20} 0.810，n_D^{22} 1.445。

环己烯的红外光谱见图 3-1，环己醇的红外光谱见图 3-2。

【注释】

[1] 环己醇的熔点是 24℃，常温下是比较黏稠的液体，用量筒量取时，要注意转移时的损失，可以用称取质量的方法代替。

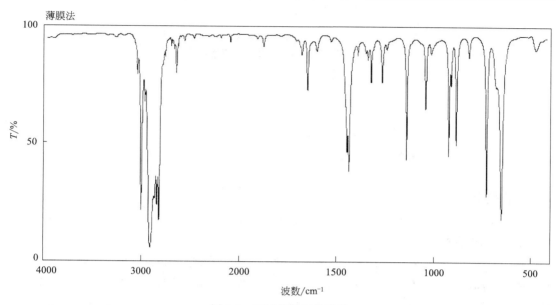

图 3-1　环己烯的红外光谱

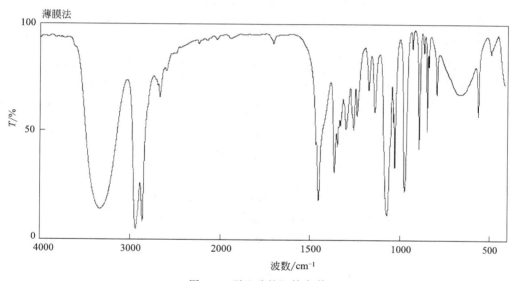

图 3-2　环己醇的红外光谱

［2］烧瓶受热要均匀，控制加热速度，使馏出的速度缓慢均匀，以减少未反应的环己醇的蒸发。

实验所需时间：4 学时。

思　考　题

1. 在制备过程中为什么要控制柱顶温度？

2. 用饱和食盐水洗涤粗产品的目的何在？

3. 用磷酸作脱水剂比用浓硫酸作脱水剂有什么优点？

4. 酸催化醇脱水的反应机理如何？

制备实验 2　戊醇脱水制备烯烃

【反应式】

$$\underset{\overset{|}{CH_3}}{\overset{\overset{OH}{|}}{CH_3CH_2CCH_3}} \xrightarrow[-H_2O]{85\%H_3PO_4} \underset{\overset{|}{CH_3}}{CH_3CH=CCH_3} + \underset{\overset{|}{CH_3}}{CH_3CH_2C=CH_2}$$

【药品】

叔戊醇 5mL（0.049mol），85％磷酸 2.5mL，无水氯化钙。

【实验步骤】

25mL 烧瓶中加入 85％磷酸 2.5mL、叔戊醇 5mL（0.049mol）。搅拌黏稠物直到混合均匀，加几粒沸石。按照蒸馏装置安装好，将温度计的水银球浸到溶液中，以控制反应物温度。把接受器放在冰浴中以防止烯烃损失并减少着火的危险。加热，控制反应物温度在 140～180℃，维持此温度直到冷凝管末端不再有产物馏出。

将馏出液用 5mL 冰水洗涤。分去水层后，用无水氯化钙干燥有机层。

蒸馏收集 36～40℃馏分。

馏出物用气相色谱进行分析。试从分析结果计算主要产物和次要产物的相对比例。判断产物是什么？如果观察到两个以上的峰，提出可能的结构式，并用反应机理来说明它们。

实验所需时间：4 学时。

思　考　题

1. 如果用异戊醇作原料时，生成几种产物？试写出反应机理。

2. 实验表明，异戊醇的脱水反应要比叔戊醇困难得多，你能否设计更为合理的反应装置？如果 85％H_3PO_4 的催化活性不够高，如何改进催化剂呢？

3.2　卤化反应——卤代烷的制备

卤代烷是一类重要的有机合成中间体，常用结构相对应的醇作原料来制备。由于合成和使用上的方便，一般实验室中常用的卤代烷是溴代烷。它的主要合成方法是由醇与氢溴酸作用，使醇中的羟基被溴原子所取代：

$$C_nH_{2n+1}OH + HBr \xrightarrow{H_2SO_4} C_nH_{2n+1}Br + H_2O$$

为了加速反应和提高产率，常用浓 H_2SO_4 作催化剂，或者用浓硫酸和溴化钠作为溴代试剂：

$$NaBr + H_2SO_4 \longrightarrow NaHSO_4 + HBr$$

浓硫酸的加入会使醇脱水生成烯或醚：

$$C_nH_{2n+1}OH \xrightarrow[\triangle]{浓\ H_2SO_4} C_nH_{2n} + H_2O$$

$$2C_nH_{2n+1}OH \xrightarrow[\triangle]{\text{浓 } H_2SO_4} C_nH_{2n+1}OC_nH_{2n+1}+H_2O$$

因此，反应完成之后，要用硫酸洗涤副产物烯或醚以及多余的原料醇。

制备实验 3　溴乙烷的制备

【反应式】

主反应：
$$NaBr+H_2SO_4 \longrightarrow HBr+NaHSO_4$$
$$C_2H_5OH+HBr \Longleftrightarrow C_2H_5Br+H_2O$$

副反应：
$$2C_2H_5OH \xrightarrow[\triangle]{\text{浓 } H_2SO_4} C_2H_5OC_2H_5+H_2O$$
$$C_2H_5OH \xrightarrow[\triangle]{\text{浓 } H_2SO_4} C_2H_4+H_2O$$

为了使 HBr 充分反应，乙醇稍过量。

【药品】

无水乙醇 2.5mL（0.043mol），溴化钠 2.5g（0.024mol），浓 H_2SO_4（d1.84），饱和亚硫酸氢钠溶液，饱和碳酸钠溶液，无水氯化钙。

【实验步骤】

25mL 圆底烧瓶中依次加入 2.5mL 无水乙醇[1]、2mL 浓硫酸和 2.5g 溴化钠粉末，摇匀，进行缓慢蒸馏[2]。用盛 1mL 冷水及 1mL 饱和亚硫酸氢钠溶液的梨形瓶作接受器，接受器浸没在冷水里[3]。开始时反应物中的溴化钠固体逐渐溶解，溶液呈黄色透明，沸腾后有泡沫产生。当反应物的泡沫完全消失，馏出物不再浑浊时，停止蒸馏。用滴管吸出上层水层。加几滴饱和碳酸钠溶液及少量水，摇匀，静置，吸出水层。再用水洗两次。加无水氯化钙干燥。倾出干燥后的产品，缓慢蒸馏，收集沸程为 36～39℃的馏分。

纯溴乙烷无色、易燃、易挥发，bp 38.2℃，n_4^{20}1.4242，d_4^{20}1.4612，难溶于水。

【注释】

[1] 也可以用 95％乙醇代替无水乙醇，对产率影响不明显。虽然会带入少量水，有使主反应的化学平衡向逆向移动的趋势，但无水乙醇在加浓硫酸时，乙醇和溴化钠发生副反应的程度增大。

[2] 如果蒸馏时有过多泡沫产生，则需放慢加热速度或停止加热，稍冷后向烧瓶中加 1mL 水重新蒸馏。

[3] 蒸馏过程中可能会产生少量单质溴使蒸出来的产品带黄色。加亚硫酸氢钠可除去。

实验所需时间：4 学时。

思　考　题

1. 粗产品含哪些杂质？如何去除？
2. 如果实验产率不高，分析原因。

制备实验4　1-溴丁烷的制备

【反应式】

主反应：
$$NaBr + H_2SO_4 \longrightarrow HBr + NaHSO_4$$
$$n\text{-}C_4H_9OH + HBr \rightleftharpoons n\text{-}C_4H_9Br + H_2O$$

副反应：
$$n\text{-}C_4H_9OH \xrightarrow[\triangle]{\text{浓 } H_2SO_4} CH_3CH_2CH = CH_2$$

$$2n\text{-}C_4H_9OH \xrightarrow[\triangle]{\text{浓 } H_2SO_4} (n\text{-}C_4H_9)_2O + H_2O$$

$$2HBr + H_2SO_4 \xrightarrow{\triangle} Br_2 + SO_2 + 2H_2O$$

【药品】

正丁醇 4mL(0.043mol)，溴化钠 5.5g(0.053mol)，浓硫酸 (d1.84)，10％碳酸钠溶液，无水氯化钙。

【实验步骤】

在 25mL 圆底烧瓶中加入 4mL 正丁醇和 5.5g 研细的溴化钠粉末，分批加入 1∶1 体积比硫酸 6mL，不断振摇，使混合充分。加入沸石，装上回流冷凝管，在冷凝管上端接一吸收溴化氢气体的装置。用电热套缓慢加热回流 1h 后冷却。换成蒸馏装置，进行蒸馏。蒸出所有的正溴丁烷[1]，用抽气试管作接受器。

抽气试管中的馏出液加 2mL 水，充分振摇，用吸管尽量吸出上层的水层。加 2mL 浓硫酸[2]，充分振摇，分出硫酸。上层油层依次用等体积水、10％碳酸钠及水洗涤，得到的粗产物加入干燥带塞锥形瓶中，加无水氯化钙干燥 15min。

干燥后的粗产物倾入 25mL 干燥的蒸馏烧瓶中进行蒸馏，收集 99～103℃的馏分。

纯正溴丁烷为无色液体，不溶于水，bp 101.6℃，d_4^{20}1.299，n_4^{20}1.4399。

【注释】

[1] 正溴丁烷是否蒸完，可从下列几方面判断：

a. 馏出液是否由浑浊变为澄清；

b. 反应瓶中上层的油层是否彻底消失；

c. 取一表面皿，接收几滴馏出物，加水，观察是否乳浊或有油滴出现，如无，表示馏出物中已无有机物。

[2] 粗产品中有少量未反应的正丁醇和副产物正丁醚等杂质。用浓硫酸可以洗除它们。否则在以后蒸馏中，正丁醇与正溴丁烷可形成共沸物（bp 98.6℃，含正丁醇 13％），难以除去。如果体系有水，浓硫酸被稀释，影响洗涤效果。

实验所需时间：6 学时。

思　考　题

1. 加料时，先使溴化钠与浓硫酸混合，然后加正丁醇，这样做可以吗？

2. 反应后的产物可能含有哪些杂质？各步洗涤的目的何在？用浓硫酸洗涤时为何需要体系尽量无水？

3. 洗涤产物时，正溴丁烷时而在上层，时而在下层，你用什么简便的方法加以判断？

4. 能否用异丁醇为原料，采用与本实验类似的步骤合成异丁基溴？为什么？

3.3 醚键的形成

大多数有机化合物在醚中都有良好的溶解性，有些反应（如 Grignard 反应）也必须在醚中进行，因此醚是有机合成中常用的溶剂。

醚的制法主要有两种。一种是醇的脱水：

$$2ROH \xrightarrow{\text{催化剂}} ROR + H_2O$$

另一种是醇（酚）钠与卤代烃作用：

$$RONa + R'X \longrightarrow ROR' + NaX$$

前一种方法是由醇制取单醚的方法，所用的催化剂可以是硫酸或氧化铝。醇和硫酸的作用，随温度的不同，生成不同的产物。例如乙醇和硫酸在室温下生成锌盐；在 100℃时反应，产物是硫酸氢乙酯；在 140℃时乙醚；在大于 160℃时是乙烯。因此由醇脱水制醚时，反应温度须严格控制。在此可逆反应中，通常采用蒸出反应产物（水或醚）的方法，使反应向有利于生成醚的方向进行。

在制取正丁醚时由原料正丁醇（沸点 117.7℃）和产物正丁醚（沸点 142℃）的沸点都较高，故可使反应在装有分水器的回流装置中进行，控制加热温度，并将生成的水或水的共沸混合物不断蒸出。虽然蒸出的水中会夹有正丁醇等有机物，但是由于正丁醇等在水中溶解度较小，密度又比水小，通常浮于水层之上。因此借助分水器可使绝大部分正丁醇自动连续地返回反应瓶中，而水则沉于分水器的下部，静止时可随时弃去。

醇（酚）钠和卤代烃的作用，主要用于合成不对称醚，特别是制备芳基烷基醚时产率较高。例如：

$$C_6H_5ONa + BrCH_2CH_2CH_3 \longrightarrow C_6H_5OCH_2CH_2CH_3 + NaBr$$

这里的酚钠可由苯酚和氢氧化钠或金属钠作用制得。

制备实验 5 正丁醚的制备——醇的分子间脱水

【反应式】

主反应：

$$2n\text{-}C_4H_9OH \xrightarrow[134\sim135℃]{\text{浓 }H_2SO_4} n\text{-}C_4H_9OC_4H_9\text{-}n + H_2O$$

副反应：

$$n\text{-}C_4H_9OH \xrightarrow[>135℃]{\text{浓 }H_2SO_4} C_4H_8 + H_2O$$

【药品】

正丁醇 5mL（0.054mol），浓硫酸 0.7mL，NaOH 3mol·L^{-1}，无水氯化钙。

【实验步骤】

在 50mL 三口瓶中加入 5mL 正丁醇。将 0.7mL 浓硫酸缓慢加入并摇荡，使浓硫酸与正丁醇混合均匀，加 2 粒沸石。在烧瓶口分别安装分水器和温度计，温度计插入液面下，但是不能触到烧瓶壁。分水器中装入适量水[1]，使水面距离支管约 5mm，分水器上装上一回流冷凝管。保持回流约 1h，开始加热速度可快一些，当温度达到 120℃时，减慢加热速度，以防止炭化。随着反应的进行，分水器中的水层不断增加，反应液的温度也逐渐上升，当分水器中分出的水量稍大于理论量时[2]，或者瓶中反应温度到达 140℃左右时停止加热。如果加热时间过长，溶液会变黑并有大量副产物丁烯生成。

待反应物冷却，拆除分水器，将仪器改成蒸馏装置，加 2 粒沸石，蒸馏至无馏出液为止[3]。

将馏出液倒入分液漏斗中，分去水层，上层粗产物依次用等体积 H_2O、$3mol \cdot L^{-1}$ NaOH 溶液[4]、H_2O 和饱和 $CaCl_2$ 溶液洗涤，然后用少量无水氯化钙干燥。

把干燥后的产物倾滤入蒸馏烧瓶中，加入沸石，进行蒸馏，收集 140～144℃的馏分。

纯正丁醚为无色液体，bp 142.4℃，d_4^{15} 0.773。

正丁醇的红外光谱见图 3-3，正丁醚的红外光谱见图 3-4。

【注释】

[1] 本实验利用恒沸混合物蒸馏方法将反应生成的水不断从反应物中除去。正丁醇、正丁醚和水可能生成几种恒沸混合物，见表 3-1。含水的恒沸混合物冷凝后分层，上层主要是正丁醇和正丁醚，下层主要是水。在反应过程中利用分水器使上层液体不断送回到反应器中。当分水器的水层超过了支管而流回烧瓶时，打开活塞将一部分水放入小量筒，使分水器中始终保持一薄层有机物。

表 3-1　正丁醇、正丁醚和水可能生成的恒沸混合物

恒沸混合物		bp/℃	组成/%		
			正丁醚	正丁醇	水
二元	正丁醇-水	93.0		55.5	45.5
	正丁醚-水	94.1	66.6		33.4
	正丁醇-正丁醚	117.6	17.5	82.5	
三元	正丁醇-正丁醚-水	90.6	35.5	34.6	29.9

[2] 反应中应该除去水的理论体积数可以用下式来估算：

$$2C_4H_9OH \Longrightarrow (C_4H_9)_2O + H_2O$$

本实验使用 5mL（0.054mol）正丁醇，理论上能生成 $\dfrac{0.054}{2} \times 18 = 0.486g$ 水，而实际分出水层的体积要略大于计算量，否则产率很低。

[3] 也可以略去这一步蒸馏，而将冷的反应物倒入盛 10mL 水的分液漏斗中，按下段的方法做下去。但因反应物中杂质较多，在洗涤分层时有时会出现困难。如果反应物炭化比较严重，则必须蒸馏。

[4] 如果经过蒸馏，碱洗步骤可以省掉。在碱洗过程中，不要太剧烈地摇动分液漏斗，否则生成的乳浊液很难破坏。

实验所需时间：6 学时。

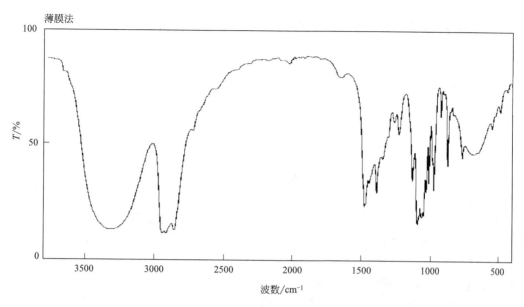

图 3-3　正丁醇的红外光谱

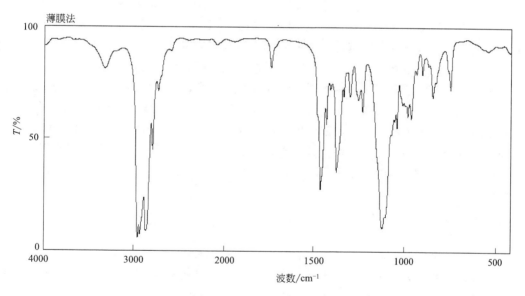

图 3-4　正丁醚的红外光谱

思　考　题

1. 计算理论上分出的水量。如果你分出的水层超过理论数值，试探讨其原因。

2. 如果最后蒸馏前的粗产品中含有正丁醇，能否用分馏的方法将它除去？这样做好不好？

制备实验 6　苯乙醚的制备——Williamson 合成法

【反应式】

主反应：

$$\text{C}_6\text{H}_5-\text{OH} + \text{NaOH} \longrightarrow \text{C}_6\text{H}_5-\text{ONa} + \text{H}_2\text{O}$$

$$\text{C}_6\text{H}_5-\text{ONa} + \text{C}_2\text{H}_5\text{I} \longrightarrow \text{C}_6\text{H}_5-\text{OC}_2\text{H}_5 + \text{NaI}$$

副反应：

$$\text{C}_2\text{H}_5\text{I} + \text{NaOH} \longrightarrow \text{C}_2\text{H}_5\text{OH} + \text{NaI}$$

【药品】

苯酚 2.4g（0.0255mol），碘乙烷 2.6mL（0.032mol），氢氧化钠 1.2g（0.03mol），无水乙醇，5%氢氧化钠溶液，无水氯化钙。

【实验步骤】

本实验在反应过程中所用仪器必须是干燥的。

在 25mL 圆底烧瓶中，放入 1.2g 氢氧化钠、7.5mL 无水乙醇和 2.4g 苯酚。投入 2 粒沸石。装上回流冷凝管，从冷凝管口加入 2.6mL 碘乙烷。冷凝管上口装上氯化钙干燥管。在热水浴上加热回流。当水浴温度达到 75℃左右时，反应物开始沸腾，固体氢氧化钠逐渐溶解。保持水浴温度在 85℃以下，以免碘乙烷因温度太高而汽化逸出。当氢氧化钠全部溶解后，烧瓶内又慢慢出现白色沉淀，并不断增多，此时水浴温度可控制在 90～95℃，以保持反应液的沸腾[1]。当溶液不显碱性，表明反应已经完成。反应时间约 2h[2]。

移去水浴。待反应物稍冷后，将回流装置改装成蒸馏装置，另加 2 粒沸石，把反应混合物中的乙醇尽量蒸馏出来（得 6.5～7mL，需 1h 左右）。将乙醇倒入指定的回收瓶内。

在残留物中加少量的水使碘化钠溶解，倒入分液漏斗中，分去水层。粗苯乙醚用 5%氢氧化钠溶液洗涤后，用无水氯化钙干燥。干燥后的液体用电热套蒸馏，用空气冷凝管冷凝，收集 168～173℃的馏分。产量：约 2g[3]。

纯苯乙醚为无色液体，bp 170℃，d 0.966。

苯酚的红外光谱见图 3-5。

【注释】

[1] 在加热回流过程中，如果发生分层现象，可再加入无水乙醇。

[2] 如果加的氢氧化钠量过多，或者碘乙烷在未反应时逃逸损失一部分，则可能经过长时回流溶液仍呈碱性，无法判明反应是否完成。

[3] 若用金属钠代替氢氧化钠，产率可以提高。

实验所需时间：6 学时。

思　考　题

1. 如何检验反应已经完成？
2. 在制备苯乙醚时，无水乙醇在其中起什么作用？为什么不用普通的 95%的乙醇？
3. 加热完毕后，为什么要尽量把乙醇蒸出？

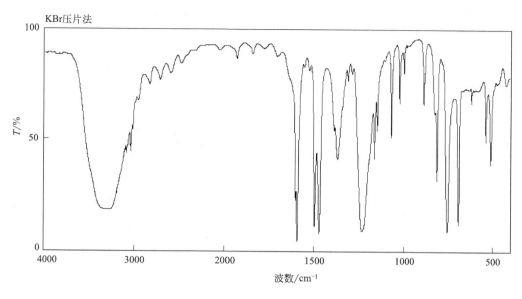

图 3-5　苯酚的红外光谱

制备实验 7　苯氧乙酸的制备

【反应式】

主反应：

$$ClCH_2COOH \xrightarrow{Na_2CO_3} ClCH_2COONa$$

$$ \underset{\text{ONa}}{\text{苯酚}} \xrightarrow{NaOH} $$

$$ \text{OCH}_2\text{COONa} \xrightarrow{HCl} \text{OCH}_2\text{COOH} $$

副反应：$ClCH_2COOH + NaOH \longrightarrow HOCH_2COOH + NaCl$

【药品】

苯酚 1.5g（0.015mol），氯乙酸 1.9g（0.02mol），饱和 Na_2CO_3 溶液，冰醋酸，35％ NaOH 溶液，浓盐酸，乙醇。

【实验步骤】

在一个小烧杯中放入 1.9g 氯乙酸，用 2mL 水溶解。搅拌下滴加饱和碳酸钠水溶液至溶液 pH 值为 9～10[1]，制得氯乙酸钠溶液。在装有滴液漏斗、回流冷凝管的三口瓶中加 1.5g 苯酚，2mL 35％氢氧化钠溶液，2.5mL 乙醇。加热使苯酚溶解，制得苯酚钠溶液。将氯乙酸钠溶液加入滴液漏斗，慢慢滴入反应瓶中。继续回流 30min。

反应完毕，停止加热，冷却，拆除滴液漏斗和回流冷凝管。加 5mL 水稀释，用浓盐酸酸化至 pH 值为 1。充分冷却，抽滤。干燥后用 5mL 3：2 乙醇-水重结晶，得白色晶体。测熔点。

纯的苯氧乙酸为无色晶体，mp 98～100℃，bp 285℃。

苯氧乙酸的红外光谱见图 3-6。

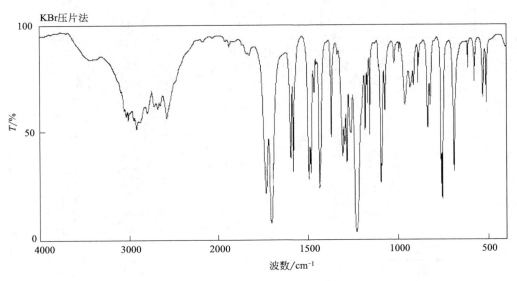

图 3-6　苯氧乙酸的红外光谱

【注释】

[1] 先用饱和碳酸钠溶液将氯乙酸转变为氯乙酸钠。为防止氯乙酸水解，滴加碱液的速度宜慢。

实验所需时间：6 学时。

思　考　题

1. 从亲核取代反应和产品分离纯化的要求等方面说明本实验中各步反应调节 pH 值的目的和作用。

2. 以苯氧乙酸为原料，如何制备对溴苯氧乙酸？

3.4　康尼查罗（Cannizzaro）反应——醛的碱性歧化

无 α-H 的醛类在浓的强碱溶液中，发生氧化还原反应，一分子醛被还原成醇，另一分子醛被氧化成羧酸，此反应称为 Cannizzaro 反应。如：

$$2 \quad \underset{\text{苯环}}{\text{CHO}} \quad +NaOH \longrightarrow \underset{\text{苯环}}{\text{CH}_2\text{OH}} \quad + \quad \underset{\text{苯环}}{\text{COONa}}$$

按上述反应式只能得到一半量的醇。如果使所用的醛全部还原成所需要的醇，则可用此醛与甲醛水溶液（1.3∶1 摩尔）反应，由于甲醛的还原性较强，因此反应后甲醛被氧化成甲酸。

$$\underset{\text{CH}_3}{\overset{\text{CHO}}{\text{苯环}}} \quad +HCHO+KOH \longrightarrow \underset{\text{CH}_3}{\overset{\text{CH}_2\text{OH}}{\text{苯环}}} \quad +HCOOK$$

制备实验 8　苯甲醇和苯甲酸的制备

【反应式】

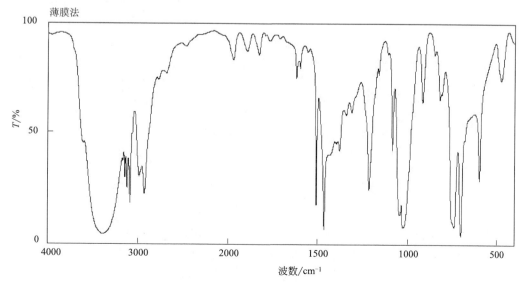

【药品】

苯甲醛 4mL（0.039mol），氢氧化钠 2.5g（0.063mol），浓盐酸，乙醚，饱和亚硫酸氢钠溶液，10％碳酸钠溶液，无水硫酸镁。

【实验步骤】

在 25mL 烧瓶中放入 2.5g 氢氧化钠和 5mL 水，溶解后放入 4mL 新蒸馏过的苯甲醛，投入几粒沸石，装上回流冷凝管。不时加以振荡。当苯甲醛油层消失，变成淡黄色透明溶液油层刚消失时，有可能出现浑浊，继续回流，浑浊会变澄清。停止加热，使反应物充分冷却。

用 9mL 乙醚分三次提取苯甲醇（注意：水层应保存，不要弃去）。合并三次乙醚提取液，用 2mL 饱和亚硫酸氢钠溶液洗涤，然后依次用 3mL 10％碳酸钠和 3mL 冷水洗涤，乙醚提取液用无水硫酸镁干燥。将干燥的乙醚溶液倾倒入 25mL 蒸馏烧瓶中，缓慢加热蒸出乙醚（倒入指定回收瓶）。当温度升至 85℃时，停止加热，改用空气冷凝管，加热蒸馏，收集 198～206℃馏分。

纯苯甲醇为无色液体，bp 205.4℃，d_4^{20} 1.045。

取乙醚提取后的水溶液，在不断搅拌下向其中加入浓 HCl，直到呈强酸性。同时用冰水浴冷却之（也可向其中投入几块碎冰）。抽滤析出的苯甲酸。将粗制苯甲酸用热水进行重结晶，产品烘干后测定熔点。

图 3-7　苯甲醇的红外光谱

纯苯甲酸为无色针状晶体，熔点 122.4℃。

苯甲醇、苯甲醛、苯甲酸的红外光谱见图 3-7～图 3-9。

实验所需时间：6～8 学时。

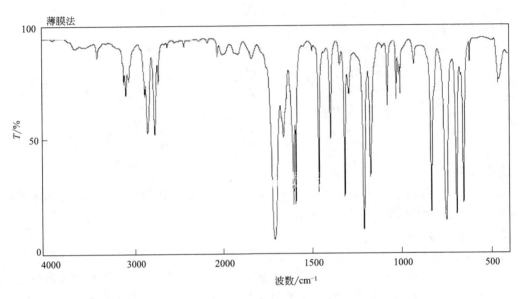

图 3-8　苯甲醛的红外光谱

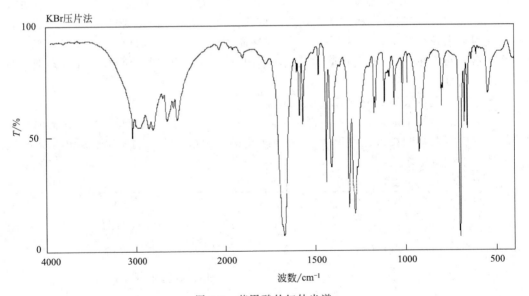

图 3-9　苯甲酸的红外光谱

思　考　题

1. 乙醚提取液提取的是什么？为什么要用饱和 $NaHSO_3$ 溶液洗涤？

2. 为什么要用新蒸馏的苯甲醛？若用长期放置的苯甲醛对本实验有何影响？

3. 苯甲酸在接近熔点时有很强的升华性，干燥时应注意什么问题？

制备实验 9　呋喃甲醇和呋喃甲酸的制备

【反应式】

$$2 \quad \text{O}\text{—CHO} + NaOH \longrightarrow \text{O}\text{—CH}_2\text{OH} + \text{O}\text{—COONa}$$

$$\text{O}\text{—COONa} + HCl \longrightarrow \text{O}\text{—COOH} + NaCl$$

【药品】

呋喃甲醛 4mL（0.048mol），氢氧化钠 1.8g（0.045mol），乙醚，25％浓盐酸，无水硫酸镁。

【实验步骤】

在 50mL 三口烧瓶中装配机械搅拌器[1]和滴液漏斗，三口烧瓶的另一口不必加塞。配制由 1.8g 氢氧化钠溶于 3.6mL 水形成的溶液，加入三口烧瓶中。冰水浴下开动搅拌器，使液温降到 5℃左右，然后从滴液漏斗中滴入 4mL 新蒸馏过的呋喃甲醛[2]。控制滴加速度，使反应温度保持在 8～12℃[3]。加完后继续在室温下搅拌 20min，使反应完全，最后得到黄色浆状物。

用乙醚每次 4mL 萃取 4 次。合并乙醚提取液，用无水硫酸镁干燥。先蒸馏出乙醚，换成空气冷凝管，然后蒸馏呋喃甲醇，收集 169～171℃的馏分。

纯呋喃甲醇为无色液体，bp 169.5℃（0.1MPa），d1.129。

乙醚萃取后的溶液，用 25％ HCl 酸化（约 4mL），直到刚果红试纸变蓝为止[4]。冷却，使呋喃甲酸完全析出，减压抽滤，用少量水洗涤，粗呋喃甲酸用水进行重结晶。烘干，测熔点。

纯呋喃甲酸为白色针状晶体，mp 133℃。

呋喃甲醇与呋喃甲酸的红外光谱见图 3-10 和图 3-11。

【注释】

[1] 也可用人工搅拌。这个反应属于非均相反应，必须充分搅拌。

[2] 纯呋喃甲醛为无色或浅黄色液体，但长期贮存易变成棕褐色。使用前需要蒸馏，收集 155～162℃的馏分。最好在减压下蒸馏，收集 54～55℃/2.3kPa 的馏分。

[3] 反应温度若低于 8℃，则反应太慢；若高于 15℃，则反应温度极易升高而难以控制（呋喃甲醛易开环聚合），反应物会变成红褐色。也可采用将 NaOH 溶液滴加到呋喃甲醛中的方法。两者产率相近。

[4] 刚果红试纸是把刚果红指示剂载于滤纸上制成的，遇弱酸显蓝黑色，遇强酸显稳定的蓝色。

实验所需时间：6 学时。

思 考 题

1. 试比较歧化反应与醇醛缩合反应所用的醛在结构上有何差异？反应条件有何不同？

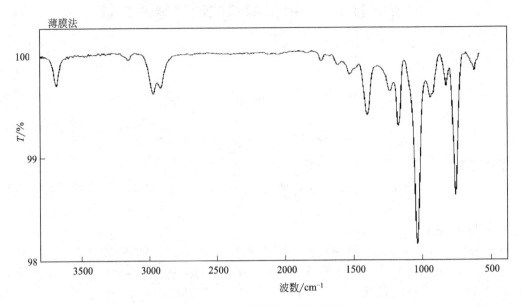

图 3-10　呋喃甲醇的红外光谱图

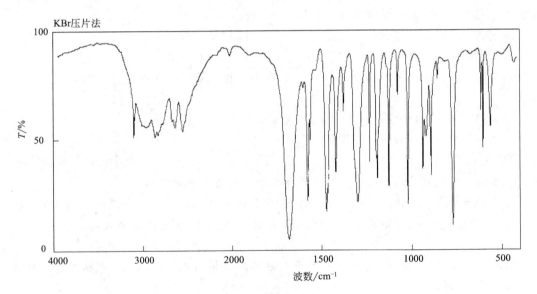

图 3-11　呋喃甲酸的红外光谱图

2. 根据什么原理来分离提纯呋喃甲醇和呋喃甲酸？

3. 在反应过程中析出的黄色浆状物是什么？

4. 乙醚萃取过的水溶液，若用 50% H_2SO_4 酸化，是否合适？

3.5　酯化反应

羧酸酯一般都是由羧酸和醇在少量浓硫酸催化下作用制得的。

$$RCOOH + R'OH \underset{}{\overset{H_2SO_4}{\rightleftharpoons}} RCOOR' + H_2O$$

这里的浓硫酸是催化剂，它能促使上面这个可逆反应较快地达到平衡。为了获得较高产率的酯，通常都用增加酸或醇的用量及不断地移去产物酯或水的方法来进行酯化反应。至于使用过量酸或过量醇，则取决于原料来源难易和操作是否方便等因素。例如在制备乙酸乙酯时，是用过量乙醇与乙酸作用的，因为乙醇比乙酸便宜；在制备正丁酯时，则用过量的乙酸与正丁醇作用，因为乙酸比正丁醇容易得到。

除去酯化反应中的产物酯和水，一般都是形成低沸点共沸物来进行。例如在制备乙酸乙酯时，酯和水能形成二元共沸混合物（bp 70.4℃），比乙醇（78℃）和乙酸（118℃）的沸点都低，因此乙酸乙酯很容易被蒸出。在制备苯甲酸乙酯时，因为这个酯的沸点较高（213℃），很难蒸出，所以采用加入苯的方法，使苯、乙醇和水组成一个三元共沸物（bp 64.6℃），以除去反应生成的水，使产率有所提高。羧酸酯除了直接由酸和醇制备以外，还可以由酰氯、酸酐或腈和醇作用而得到。

制备实验 10　乙酸乙酯的制备

【反应式】

主反应：

$$CH_3COOH + C_2H_5OH \underset{120\sim125℃}{\overset{H_2SO_4}{\rightleftharpoons}} CH_3COOC_2H_5 + H_2O$$

副反应：

$$2C_2H_5OH \xrightarrow{H_2SO_4} C_2H_5OC_2H_5 + H_2O$$

【药品】

冰醋酸 5mL(0.09mol)，95％乙醇 10mL，浓硫酸 0.4mL，饱和氯化钙溶液、饱和碳酸钠溶液、饱和氯化钠溶液、无水氯化钙。

【实验步骤】

在一个 25mL 圆底烧瓶中加入 10mL 乙醇，5mL 冰醋酸和 0.4mL 浓硫酸[1]，然后加入 2 粒沸石。将瓶中混合物摇匀后，安装球形冷凝管，在小火上回流 30min。

当反应液冷却后，改成蒸馏装置，进行蒸馏，至无馏出液时，停止蒸馏。

往馏出液中缓慢地少量分批加入饱和碳酸钠溶液，并不断振荡锥形瓶，直至无二氧化碳逸出为止。振荡，静置，用蓝色石蕊试纸检查，若酯层仍显酸性，再加饱和碳酸钠溶液，振荡直至酯层不显酸性。将混合液移入分液漏斗，分出水层。酯层用等体积饱和食盐水洗涤一次，再用等体积饱和氯化钙洗涤两次[2]。从上口将乙酸乙酯倒入干燥的小锥形瓶中，加入少量无水氯化钙，塞住瓶口，放置 15～20min，并时而振荡，以加速干燥[3]。

安装普通蒸馏装置，把干燥的粗乙酸乙酯滤入蒸馏烧瓶后，加两粒沸石，进行蒸馏。收集 71～78℃馏分。馏出液收集在预先称重的干燥小锥形瓶中，称重，计算产率。

纯乙酸乙酯是具有果香气味的无色液体，bp 77.2℃，$d\,0.901$。

乙酸的红外光谱见图 3-12，乙酸乙酯的红外光谱见图 3-13。

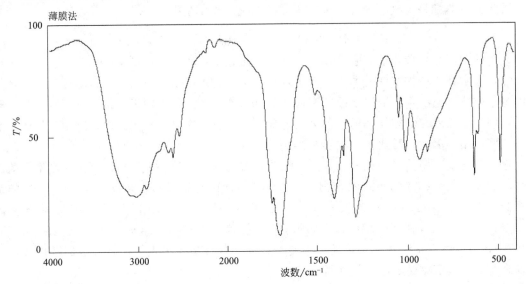

图 3-12 乙酸的红外光谱

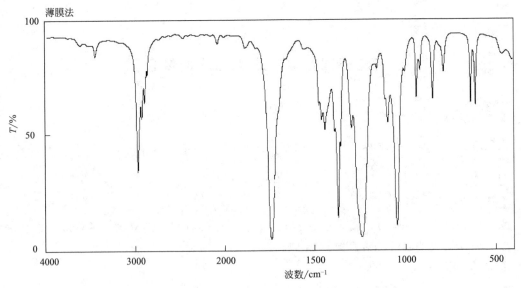

图 3-13 乙酸乙酯的红外光谱

【注释】

[1] 硫酸的用量为醇量的 5% 时即能起催化作用。稍微增加硫酸用量，由于它的脱水作用可增加酯的产率。但硫酸用量过多时，其氧化作用增强，结果反而对主反应不利。

[2] 用饱和氯化钙溶液洗涤的目的是除去未反应的乙醇。因为氯化钙能与乙醇形成溶于水的络合物。碳酸钠洗涤之后，必须用饱和氯化钠溶液洗一次再用氯化钙溶液洗涤，否则，酯层中以及分液漏斗中残留的 Na_2CO_3，会和加入的 $CaCl_2$ 反应形成 $CaCO_3$ 悬浊液，致使分离操作难以进行。

[3] 乙酸乙酯与水、乙醇可形成二元或三元共沸混合物，见表 3-2。故乙酸乙酯中的醇和水

皆应除去,否则影响产率。

表 3-2 乙酸乙酯与水、乙醇形成的共沸混合物组成

bp/℃	组成/%		
	乙酸乙酯	乙醇	水
70.2	82.6	8.4	
70.4	91.9		9.0
71.8	69.0	31.0	8.1

实验所需时间:6 学时。

思 考 题

1. 在本实验中硫酸起什么作用?

2. 制取乙酸乙酯时,哪一种试剂过量?为什么?

3. 蒸出的粗乙酸乙酯中主要有哪些杂质?用饱和碳酸钠洗涤乙酸乙酯的目的是什么?是否可用氢氧化钠溶液代替?

4. 乙醇和乙酸生成乙酸乙酯的平衡常数为 3.77。假如考虑化学平衡,那么本次实验的最高产量是多少?

5. 用饱和氯化钙溶液洗涤,能除去什么?为什么先要用饱和食盐水洗涤?是否可用水洗?

制备实验 11 乙酸丁酯的制备

【反应式】

$$CH_3COOH + CH_3CH_2CH_2CH_2OH \xrightarrow{H_2SO_4} CH_3COOCH_2CH_2CH_2CH_3 + H_2O$$

【药品】

正丁醇,冰乙酸,浓硫酸。

【实验步骤】

在 25mL 圆底烧瓶中加入 6mL 正丁醇、8mL 冰乙酸,混合均匀后,小心加入 0.6mL 浓硫酸,振摇。加几粒沸石,装上盛水的分水器(水面离支管约 0.5cm)[1] 和回流冷凝管。用电热套加热回流。当分水器水层的液面上升至支管处,打开分水器放出下层的水。随着反应的不断进行,重复上述操作,直到水层不再上升为止。停止加热,从冷凝管中加入少量水至分水器的下层,使上层的有机物返回到反应瓶中。

将反应瓶中的物质转移到分液漏斗中,加入 16mL 水,振荡,静止分层,分去水层。再向分液漏斗中缓缓地加入 10mL 15% Na₂CO₃ 溶液[2],缓慢振荡分液漏斗数次,并随时放出 CO₂ 气体,静止,分去下层水层后,再用 10mL 水洗涤有机层,分去水层。

从分液漏斗上口将乙酸丁酯倒入一个已干燥好的 25mL 锥形瓶中,加入适量无水硫酸镁,干燥 30min。将干燥好的乙酸丁酯转移到已干燥的蒸馏瓶中,加入几粒沸石,安装蒸馏装置，蒸馏。收集 120～125℃ 的馏分。称重，计算产率。

纯乙酸丁酯为无色液体，bp 120.1℃，d 0.882。

乙酸丁酯的红外光谱见图 3-14。

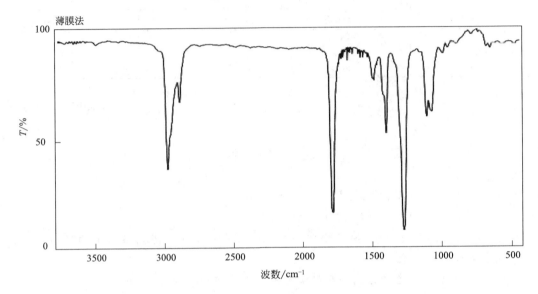

图 3-14　乙酸丁酯的红外光谱

【注释】

[1] 此反应为可逆反应，可采用使反应物过量和移去生成物的方法使反应向生成物方向移动。一种方法是使价格较便宜的乙酸过量，从而提高反应的产率；另一种方法是使用一个分水器，使反应生成的水随时脱离体系，从而达到提高产率的目的。

[2] 用碳酸钠洗涤时会产生大量的二氧化碳气体，要及时从分液漏斗中放出。

实验所需时间：4 学时。

思 考 题

1. 粗产品中有哪些杂质？应如何将它们除去？

2. 如果最后蒸馏前的粗产品中含有正丁醇，能否用分馏的方法将它们除去？这样做好不好？

3. 若无分水器是否有办法除去反应生成的水？如果可以，应该如何做？

制备实验 12　乙酰水杨酸的制备

【反应原理】

乙酰水杨酸医学上称为阿司匹林，为白色针状或片状晶体，溶解于 37℃（相当于体温）水中，口服后在肠内开始分解为水杨酸，有退热止痛作用。

反应式：

由于水杨酸既有羟基又有羧基，因此反应的副产物是聚合物。

【药品】

水杨酸 1.0g(0.0073mol)，乙酸酐 2.5mL(0.026mol)，浓硫酸，1‰氯化亚铁，饱和碳酸氢钠，10％盐酸，苯，石油醚，乙醚。

【实验步骤】

(1) 酯化反应制乙酰水杨酸

称 1g 水杨酸，放在 25mL 干燥锥形瓶中，加入 2.5mL 乙酸酐和 2 滴浓 H_2SO_4，振摇至水杨酸溶解，在沸水浴上加热 5～10min，稍冷。小心地加入 2mL 冰水[1]。反应结束后，再加入 10mL 水。将锥形瓶放在冷水中静置。如果不结晶，可以用玻璃棒摩擦瓶壁并用冰水冷却反应混合物，以使结晶完全，抽滤反应混合物，用少量冷水洗涤产物，抽干。此为粗产品（不必干燥）。

(2) 水杨酸杂质的检验

取几粒结晶，溶于 5mL 水，加 1 滴 1‰ $FeCl_3$ 溶液，观察是否有红紫色出现。产物纯化后，也可以做此实验，注意颜色的差别。

(3) 产品的纯化

将粗产品置入 50mL 烧杯中，加 12mL 饱和碳酸氢钠溶液，搅拌至反应停止（气泡和声音皆无）。抽滤，如果有聚合的副产物，应该残留在滤纸上。在烧杯中放 3～5mL 10％盐酸，在不断搅拌下将所得滤液倒入盐酸中。乙酰水杨酸即沉淀出来。冷却，抽滤，干燥，称重，测熔点，计算产率，并检验游离水杨酸的存在。

(4) 重结晶

纯化后的阿司匹林，如果还存在水杨酸，可以在苯中重结晶：将上述制得产物放在锥形瓶中，装上回流装置，用少量苯溶解产物，用折叠滤纸进行热过滤。冷却滤液，使结晶完全。如不结晶可加少量石油醚[2]，然后吸滤。取出结晶，晾干，称重，测熔点，检验有无水杨酸。重结晶也可用乙醚-石油醚（1∶1）混合溶剂。

水杨酸和乙酰水杨酸的红外光谱见图 3-15 和图 3-16。

【注释】

[1] 水解过量的乙酸酐时，如果让锥形瓶在加水前冷却，水解就更为缓慢。反应产生的热量往往会使瓶内液体沸腾，蒸气急速外逸，因此加水时脸部不能正对着瓶口，以免发生意外。

[2] 乙酰水杨酸不溶于石油醚。

实验所需时间：4 学时。

思　考　题

1. 制备阿司匹林用的锥形瓶是否需要干燥，为什么？
2. 试设计一个实验，鉴定制得的阿司匹林中是否还有水杨酸？
3. 乙酰化反应中使用浓 H_2SO_4 的目的是什么？

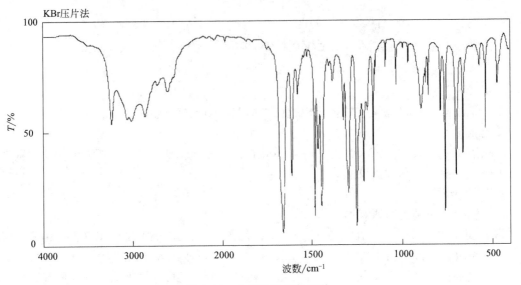

图 3-15　水杨酸的红外光谱

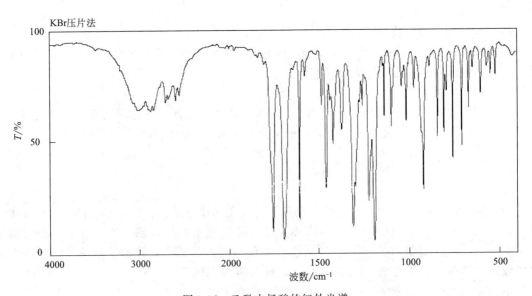

图 3-16　乙酰水杨酸的红外光谱

制备实验 13　邻苯二甲酸二正丁酯的制备

【反应式[1]】

$$\underset{\text{COOH}}{\overset{\text{COOC}_4\text{H}_9}{\bigcirc}} + n\text{-C}_4\text{H}_9\text{OH} \overset{\text{H}_2\text{SO}_4}{\rightleftharpoons} \underset{\text{COOC}_4\text{H}_9\text{-}n}{\overset{\text{COOC}_4\text{H}_9\text{-}n}{\bigcirc}} + \text{H}_2\text{O}$$

【药品】

邻苯二甲酸酐 4g(0.027mol)，正丁醇 6mL(0.065mol)，浓硫酸，5%碳酸钠溶液，饱和食盐水，无水硫酸镁。

【实验步骤】

在 25mL 三口瓶里，放入 4g 邻苯二甲酸酐，6mL 正丁醇，1 滴浓硫酸及 2 粒沸石，摇动使其混合均匀。瓶口分别安装温度计和分水器，分水器上端接一回流冷凝管。在分水器内盛满正丁醇，然后用小火加热，待邻苯二甲酸酐固体全部消失后，不久即有正丁醇-水的共沸物[2] 蒸出，且可以看到有小水珠逐渐沉到分水器底部。反应过程中，瓶内液温缓慢地上升。当温度达到 160℃时，即可停止加热[3]。整个反应时间约需 3h。

将反应液冷却到 70℃以下，立即移入分液漏斗中，用等量食盐水洗涤两次，再用少量 5%碳酸钠溶液中和。然后用饱和食盐水洗涤有机层到中性。分离出油状的粗产物，倒入干燥的小锥形瓶中，用少量无水硫酸镁干燥。

将粗产物在减压下首先蒸去正丁醇，再继续进行减压蒸馏，收集 200~210℃/0.25kPa 或 180~190℃/0.13kPa 的馏分。

纯邻苯二甲酸二正丁酯是无色透明黏稠的液体，bp 340℃，d 1.4911。

【注释】

[1] 第一步反应生成邻苯二甲酸单丁酯，这步反应进行得迅速而完全，第二步反应则是可逆反应。

[2] 正丁醇-水共沸点 93℃（含水 44.5%），共沸混合物冷凝后。在分水器中分层。上层主要是正丁醇（含水 20.1%）继续回流到反应瓶中，下层为水（含正丁醇 7.7%）。为了使水有效地分离出来可在分水器上部绕几圈橡皮管并通水冷却。

[3] 邻苯二甲酸二正丁酯在酸性条件下，超过 180℃易发生分解反应。

实验所需时间：8 学时。

思 考 题

1. 丁醇在硫酸存在下加热到 160℃，可能有哪些副反应？硫酸用量过多有什么不良影响？

2. 为什么要用饱和食盐水洗涤反应混合物和粗产物？如果不进行干燥，即进行蒸去正丁醇的操作，是否可以？为什么？

3. 虽然正丁醇和水不能按任意比例混溶，但互溶程度是很大的，因此按本实验的物料配比后可能会出现"分水器分水的能力不够强"的现象。对于许多需要及时而连续脱除反应水的反应，常采用苯、环己烷等易与水形成共沸物但不互溶的低沸点有机溶剂作为带水剂，以实现高效脱水。带水剂的用量在很大程度上决定了反应温度。本实验可否使用带水剂？

制备实验 14　苯甲酸乙酯的制备

【反应式】

$$\text{C}_6\text{H}_5\text{COOH} + \text{C}_2\text{H}_5\text{OH} \underset{\text{H}_2\text{SO}_4}{\rightleftharpoons} \text{C}_6\text{H}_5\text{COOC}_2\text{H}_5 + \text{H}_2\text{O}$$

【药品】

苯甲酸 3g（0.025mol），95％乙醇 9mL，浓硫酸，10％碳酸钠溶液，四氯化碳，无水氯化钙。

【实验步骤】

在 25mL 圆底烧瓶中，加入 3g 苯甲酸，9mL 95％乙醇和 1mL 浓硫酸，加入 2 粒沸石，装上回流冷凝管，小火加热回流 1.5h。

冷却，改成蒸馏装置，补加 2 粒沸石，蒸出未反应的乙醇，回收[1]。

将除去乙醇所剩的残余物，稍冷后倒入盛 20mL 冷水的烧杯中。用 5mL 四氯化碳先清洗烧瓶，再倒入烧杯中。此时酯层明显地沉到烧杯的底部[2]。倾去上层水溶液，在搅拌下缓慢地加入 10％碳酸钠溶液，直到不再有二氧化碳冒出以及未反应的苯甲酸全部溶解为止。然后用分液漏斗分去水层。酯层（约 5mL）用等体积冷水洗涤，用无水氯化钙干燥。

将干燥的透明液体倒入 25mL 蒸馏烧瓶中，安装蒸馏装置，小火蒸除四氯化碳。然后换用空气冷凝管加热蒸馏，收集 210～214℃的馏分。

纯苯甲酸乙酯为无色液体，bp 212.4℃，d 1.0509。

【注释】

[1] 本实验也可采用恒沸混合物去水的方法进行。在 50mL 圆底烧瓶中加入 3.0g 苯甲酸，6mL 95％乙醇，1mL 浓硫酸和 0.5mL 苯。安装一个带有分水器的回流装置，回流。可根据生成的水量判断酯化反应完成的程度。当酯化完成时，可继续加热，将多余的乙醇和苯蒸出。后处理方法同上。

[2] 苯甲酸乙酯的密度与水的密度相近，两者难于分离。加入适当有机溶剂如四氯化碳，乙醚或苯，则易于分层，便于分离。

反应所需时间：6 学时。

思　考　题

1. 本实验应用了什么原理和措施来提高该平衡反应的产率？有无其他方法？

2. 为什么不像制备乙酸乙酯那样，直接把苯甲酸乙酯蒸出来？

3. 加入四氯化碳，酯在上面还是下面？若加入乙醚或苯，酯层在上面还是在下面？

3.6　格利雅反应（Grignard 反应）——醇的制备

Grignard 试剂是卤代烷在无水乙醚中和金属镁作用后生成的烷基卤化镁 RMgX：

$$R—X + Mg \xrightarrow{\text{无水乙醚}} RMgX \quad X=Cl,Br,I$$

Grignard 试剂的结构存在着下列平衡：

$$RMgX \rightleftharpoons R_2Mg \cdot MgX_2 \rightleftharpoons R_2Mg + MgX_2$$

芳香族氯代物和氯乙烯类型的化合物在乙醚介质中不生成 Grignard 试剂，在碱性较强、沸点较高的四氢呋喃中能形成。Grignard 试剂能和环氧乙烷、醛、酮、羧酸酯等进行加成。将加成物水解，便可分别得到伯、仲、叔醇：

$$\overset{\triangle}{O} \xrightarrow[\text{2)}H_2O,H^+]{\text{1)}RMgX} RCH_2CH_2OH$$

$$HCHO \xrightarrow[\text{2)}H_2O,H^+]{\text{1)}RMgX} RCH_2OH$$

$$CH_3CHO \xrightarrow[\text{2)}H_2O,H^+]{\text{1)}RMgX} RCH(CH_3)OH$$

$$CH_3COCH_3 \xrightarrow[\text{2)}H_2O,H^+]{\text{1)}RMgX} RC(CH_3)_2OH$$

$$C_6H_5COOC_2H_5 \xrightarrow[\text{2)}H_2O,H^+]{\text{1)}RMgX} C_6H_5CR_2OH$$

Grignard 反应必须在无水的条件下进行，因为微量水分的存在，会阻碍卤代烷与镁的作用，破坏 Grignard 试剂。Grignard 试剂遇水分解，其反应式是：

$$RMgX + H_2O \longrightarrow RH + Mg(OH)X$$

所以，在制备和使用 Grignard 试剂时，必须用无水溶剂和干燥的反应器，操作时也要采取隔绝空气中湿气的措施。一般用乙醚等低沸点物质作溶剂时，溶剂的挥发也可以赶走反应瓶中的空气。

在制备 Grignard 试剂时，卤代烷与镁的反应是放热反应，但反应有一段引发期，因此必须先加入少量卤代烷和镁作用。对不易引发的反应，可稍加热或加入少量碘粒来引发反应。待反应引发后，再滴入其余的卤代烷。滴加速度不宜过快，必要时可用冷水冷却反应瓶。

Grignard 试剂与醛、酮等形成的加成物，在酸性条件下进行水解。通常用稀盐酸或稀硫酸以使产生的碱式卤化镁转化成易溶于水的镁盐，便于乙醚溶液与水溶液分层。水解放热，需在冷却条件下进行。对于遇酸极易脱水的醇，最好用氯化铵溶液进行水解。

制备实验 15　2-甲基-2-己醇的制备

【反应式】

$$n\text{-}C_4H_9Br + Mg \xrightarrow{\text{无水乙醚}} n\text{-}C_4H_9MgBr$$

$$n\text{-}C_4H_9MgBr + CH_3COCH_3 \xrightarrow{\text{无水乙醚}} n\text{-}C_4H_9\underset{\underset{CH_3}{|}}{\overset{\overset{OMgBr}{|}}{C}}CH_3$$

$$n\text{-}C_4H_9\underset{\underset{CH_3}{|}}{\overset{\overset{OMgBr}{|}}{C}}CH_3 + H_2O \xrightarrow{H^+} n\text{-}C_4H_9\underset{\underset{CH_3}{|}}{\overset{\overset{OH}{|}}{C}}CH_3$$

【药品】

正溴丁烷 4mL(0.038mol)，镁条 1g(0.041mol)，无水丙酮 3mL(0.041mol)，无水乙醚，乙醚，碘，10%硫酸，无水碳酸钾，5%碳酸钠。

【实验步骤】

在干燥的 100mL 三口瓶[1]上分别装置搅拌器[2]、冷凝管和带塞的恒压滴液漏斗，在冷凝管上端装氯化钙干燥管。瓶内放置 1g 镁屑[3]和 5mL 无水乙醚[4]。在滴液漏斗中加入 4mL 正溴丁烷与 5mL 无水乙醚，混合均匀。先往三口瓶中滴数滴混合液，片刻后即见溶液微沸，反应发生。若反应不发生，可温热或加一小粒碘以引发反应。反应开始比较剧烈，待反应平稳后，自冷凝管上端加入 8mL 无水乙醚，开动搅拌器，滴入其余正溴丁烷乙醚溶液，滴加速度以使乙醚微沸为宜。滴加完毕，温热回流 15min，使镁屑作用完全[5]。冰水浴冷却。搅拌下滴加 3mL 丙酮与 3mL 无水乙醚的混合液，滴加速度仍维持乙醚微沸。滴加完毕，室温下继续搅拌 15min。停止反应，此时反应瓶中有灰白黏稠状固体生成。

反应瓶在冰水冷却和搅拌下，自滴液漏斗滴加 35mL 10%硫酸，分解产物。开始滴加要慢，以后可逐渐加快。分解完全后，将溶液倒入分液漏斗分液，分出醚层，水层每次用 8mL 乙醚萃取两次，萃取液与醚层合并，依次用 10mL 5% Na_2CO_3 溶液和 10mL 水洗涤醚层。用无水碳酸钾干燥。

干燥后的粗产品滤入 50mL 干燥圆底烧瓶中，水浴蒸除大部分乙醚，再把残液移入 25mL 蒸馏烧瓶中，用少量乙醚洗涤圆底烧瓶，洗涤液移入蒸馏烧瓶，尽量使产物转移完全。先小火蒸除乙醚，回收，然后继续加热蒸馏，收集 137~143℃的馏分。

纯 2-甲基-2-己醇为无色液体，bp 143℃，d 0.81119，n_D^{20} 1.4175。

【注释】

[1] 所有的反应仪器及试剂必须充分干燥。

[2] 搅拌棒需密封，可用石蜡油润滑。

[3] 长期放置的镁屑，表面形成一层氧化膜，可用下面的方法除去：

用 5%盐酸溶液作用数分钟，抽滤除去酸液后，依次用水、乙醇、乙醚洗涤，抽干后置于干燥器内备用。

如果使用镁条，也可用上法处理。还可以直接用砂纸将镁条上氧化膜除去，立即剪成屑使用，剪的屑越细越好。

[4] 无水乙醚需在实验前预制。制备过程如下：首先用 1/10 乙醚体积的 10%亚硫酸氢钠溶液洗涤乙醚，以除去其中可能有的过氧化物。洗涤后再用饱和食盐水洗两次，用无水氯化钙干燥放置数日，过滤，蒸馏，加入金属钠放置至新鲜的金属钠表面不再冒气泡，即得无水的绝对乙醚。乙醚挥发性强、易燃，在预处理及使用过程中要注意防止挥发，远离火源，以免

着火。一旦着火，不要发慌，立即用湿抹布盖住着火点，防止火势蔓延并请老师协助处理。
[5] 少量未反应完的镁屑并不影响进一步的处理。

实验所需时间：8 学时。

思　考　题

1. 本实验在将 Grignard 试剂与丙酮的加成物水解之前的各步中，为什么使用的仪器及药品均须绝对干燥？为此你采取了什么措施？

2. 反应若不能立即开始，应采取哪些措施？如反应未真正开始，却加进了大量正溴丁烷，会有什么后果？

3. 本实验有哪些副反应？如何避免？

4. 迄今在你所做过的实验中，共用过哪几种干燥剂？试述它们的作用情况及应用范围。为什么此实验得到的粗产物不能用氯化钙干燥？

制备实验 16　三苯甲醇的制备

【反应式】

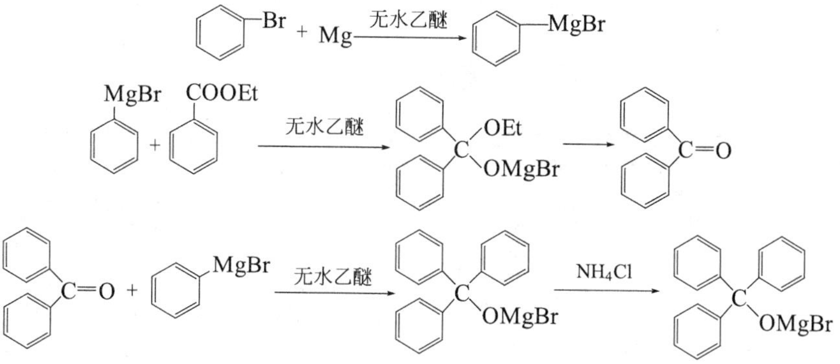

【药品】

溴苯 2mL(0.019mol)，镁 0.5g(0.020mol)，苯甲酸乙酯 1.2mL(0.01mol)，无水乙醚 10mL，氯化铵，碘，乙醇。

【实验步骤】

在干燥的 50mL 三口瓶上装恒压滴液漏斗和回流冷凝管[1]。冷凝管上端装氯化钙干燥管。三口瓶中放入 0.5g 洁净干燥的镁屑[2]、3mL 无水乙醚和一小粒碘。在滴液漏斗中加 2mL 溴苯和 5mL 无水乙醚的混合液。先滴 2mL 混合液入三口瓶中，轻轻摇动三口瓶。如果在几分钟内未发生反应[3]，可将烧瓶温热。反应开始后，停止加热，将剩余的溴苯溶液滴入烧瓶中，保持反应物平稳地沸腾与回流[4]。如果反应进行得过于剧烈，可暂停加料，并用冷水浴将烧瓶略加冷却。溴苯溶液全部加完以后，继续保持反应液回流至镁全部作用完毕。

　　将三口瓶用冷水浴冷却，振荡下滴加 1.2mL 苯甲酸乙酯与 2mL 无水乙醚的混合液，然后水浴下加热，使乙醚缓缓沸腾 1h。冰水冷却，振荡下滴加 2g 氯化铵配制成的饱和溶液，分解加成产物[5]。

　　将反应装置改成蒸馏装置，蒸除乙醚后，再进行水蒸气蒸馏，除去未反应完的溴苯和副产物[6]。这时三苯甲醇成固体析出。将烧瓶冷却，使三苯甲醇结晶完全，抽滤，水洗。粗产物用 95％乙醇重结晶。

　　纯三苯甲醇为无色菱形晶体，mp 162.5℃。

　　三苯甲醇的红外光谱见图 3-17，溴苯的红外光谱见图 3-18。

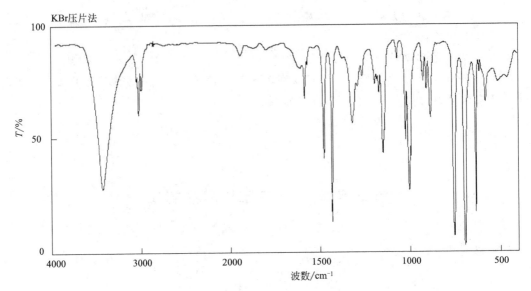

图 3-17　三苯甲醇的红外光谱

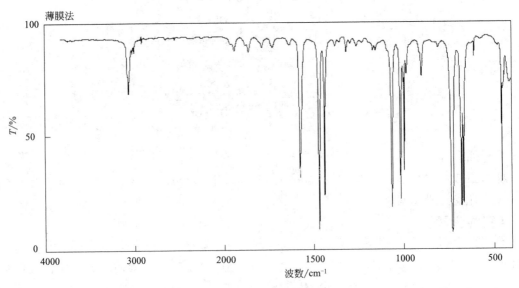

图 3-18　溴苯的红外光谱

【注释】

[1] 所有的仪器及试剂均需绝对干燥。

〔2〕处理镁屑方法同制备实验 13。

〔3〕反应开始后，溶液先变白，后又变为棕色，并逐渐加深。反应产生的热量促使乙醚沸腾。

〔4〕溴苯不宜一次加入或加得太快，否则反应过于剧烈。有过量的未反应的溴苯存在时，在较高的温度下有利于副产物联苯的生成。

〔5〕如果絮状的氢氧化镁未全溶，可滴加少量稀盐酸使其全部溶解。

〔6〕也可以不做水蒸气蒸馏。在蒸完乙醚后，在剩下的棕色油状物质中加入 20mL 低沸点石油醚、三苯甲醇便可以析出。

实验所需时间：8～10 学时。

思　考　题

1. 本实验为什么要用饱和的氯化铵溶液分解产物？除此之外还有什么试剂可代替？

2. 在本实验中溴苯滴入或一次加入，有什么不同？

3.7　Friedel-Crafts 酰基化反应——芳酮的制备

芳香烃在无水三氯化铝等催化剂存在下，与酰氯或酸酐作用生成芳酮的反应，称为 Friedel-Crafts 酰基化反应。反应历程如下：

$$RCCl + AlCl_3 \rightleftharpoons R\overset{\overset{+}{O}AlCl_3}{C}Cl \rightleftharpoons \left[R\overset{O}{C}{}^{+} \right] \bar{A}lCl_4$$

$$\bigcirc + RC^+ \rightleftharpoons \underset{COR}{\bigoplus}{}^{H} \xrightarrow[-HCl]{\bar{A}lCl_4} \bigcirc{\overset{C=\overset{+}{O}AlCl_3}{}_{R}} \xrightarrow{H_3^+O} \bigcirc{\overset{O}{\underset{R}{C}}}$$

由于 $AlCl_3$ 能与酰化试剂及反应产物芳香酮的羰基氧原子发生配位作用，因此 $AlCl_3$ 的用量至少要同酰化试剂的量相等。并且反应结束后，要用盐酸分解铝络合物，使芳酮游离出来。一般用酰氯作酰化剂时，$AlCl_3$ 的用量稍多于酰氯的量。而用酸酐作酰化试剂时，由于 $AlCl_3$ 还有一部分要与酸酐作用：

$$(RCO)_2O + AlCl_3 \longrightarrow RCOCl + RCOOAlCl_2$$

因此 $AlCl_3$ 用量至少为酸酐量的 2 倍，实际应用还要过量 20%～30%。

Friedel-Crafts 反应是放热反应，但有诱导期，所以操作时要注意温度变化。

制备实验 17　苯乙酮的制备——苯的乙酰化

【反应式】

$$(CH_3CO)_2O + \bigcirc \xrightarrow{\text{无水 } AlCl_3} \bigcirc{-COCH_3} + CH_3COOH$$

$$CH_3COOH + AlCl_3 \longrightarrow CH_3COOAlCl_2 + HCl\uparrow$$

【药品】

无水苯 9mL(0.103mol)，无水 AlCl$_3$ 7g(0.053mol)，乙酐 2mL(0.021mol)，浓盐酸，苯，无水硫酸镁，3mol·L^{-1} NaOH。

【实验步骤】

在 50mL 三口瓶上安装搅拌器、恒压滴液漏斗以及回流冷凝管，冷凝管上口接干燥管，干燥管末端连接气体吸收装置。在三口瓶中迅速加 6mL 无水苯及 7g 研细的 AlCl$_3$[1]粉末。搅拌下缓慢滴加 2mL 乙酐与 3mL 无水苯的混合液[2]，滴加速度以使反应平稳进行为度，不能太剧烈。可用冷水冷却，以控制反应速度。加完后，待反应平稳，缓慢加热，继续反应 30min，至无 HCl 气体逸出为止。

搅拌下将三口瓶在冰浴上冷却，缓慢滴加 12mL 浓盐酸与 25g 碎冰的混合物。当瓶内固体完全溶解后，用分液漏斗分出苯层。水层每次用 5mL 苯洗涤两次。洗涤液与苯层合并，依次用 3mol·L^{-1} NaOH 溶液和水各 5mL 洗漆，用无水硫酸镁干燥。

用 50mL 烧瓶缓慢加热蒸除大部分苯后，将蒸馏液移入 25mL 蒸馏烧瓶中，并用少量苯洗涤原烧瓶，使产物尽量转移过来。蒸除残留苯。当温度升至 140℃ 左右时，停止加热，换用空气冷凝管，继续蒸馏，收集 198～202℃ 馏分[3]。测产品红外光谱，与标准谱图相比较。

纯苯乙酮为无色液体，mp 20.5℃，bp 202℃，n_4^{20} 1.53718。

苯乙酮的红外光谱见图 3-19。

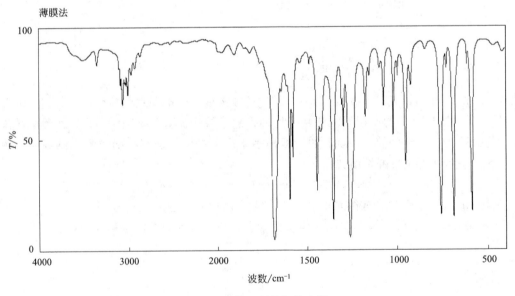

图 3-19　苯乙酮的红外光谱

【注释】

[1] 三氯化铝遇水或潮气会分解失效，所以操作必须迅速。其他反应物及仪器都需要干燥。纯苯需经无水氯化钙干燥、过夜，方可使用。

[2] 乙酐需新蒸的 137～140℃ 馏分。

[3] 也可以用减压蒸馏。苯乙酮在不同压力下的沸点见表 3-3。

表 3-3　苯乙酮在不同压力下的沸点

蒸气压/kPa	0.133	1.33	5.33	13.33	53.33	101.3
bp/℃	37.1	78.0	109.4	133.6	178.0	202.4

实验所需时间：8 学时。

思　考　题

1. 本实验成功的关键在哪儿？
2. 滴加乙酐时应注意什么问题？
3. 反应完成后加入浓盐酸和冰水混合物目的何在？
4. 为什么要用过量苯和无水三氯化铝？

制备实验 18　邻苯甲酰基苯甲酸的制备

【反应式】

【药品】

邻苯二甲酸酐 2g(0.0135mol)，无水苯 15mL(0.169mol)，无水三氯化铝 6g(0.045mol)，浓盐酸，10% Na_2CO_3，活性炭。

【实验步骤】

在装有回流冷凝管（上连干燥管及 HCl 吸收装置）的 50mL 二口瓶中加 2g 邻苯二甲酸酐粉末及 15mL 无水苯，再加入 1g 左右 $AlCl_3$ 粉末[1]。用 30～35℃温水诱导反应开始，移去水浴，分批在 10min 内继续加 5g 无水 $AlCl_3$，不断振荡。反应平稳后，回流 1h。

冰水冷却，分批加 10g 冰与 12mL 浓盐酸混合液，分解铝合物，使反应液澄清。水蒸气蒸馏除去过量苯。冰浴冷却。有白色固体析出。过滤，用少量冰水洗涤。将粗产品放入烧杯，用 15mL 10% 碳酸钠中和，煮沸 10min，使其溶解转化为钠盐。稍冷却，加活性炭脱色，抽滤，用 5mL 热水洗涤。滤液放冷，滴加浓 HCl 酸化，冷却，抽滤，洗涤。如果产品有色。可用酸-碱法再精制一次。产物经自然干燥、称重。测熔点及红外光谱。

纯净的邻苯甲酰基苯甲酸为无色晶体，mp 127℃，一水合物 mp 93～95℃，不溶于水。

【注释】

[1] 剩余的 AlCl₃ 可在带塞的试管或用无水氯化钙滤纸包塞紧的小烧杯中放置，以防吸水，吸潮变质。

实验所需时间：8 学时。

思 考 题

为什么不把无水三氯化铝一次加入？

3.8 硝化反应

进行硝化反应时，硝化试剂的选择必须与芳香化合物的反应能力相适应。苯酚和苯酚醚可用稀硝酸硝化，而苯甲醛、苯甲酸、硝基苯的硝化则需要发烟硝酸和硫酸。

在硝化反应中，最常见的副反应是氧化。反应温度的升高有利于这种副反应。

制备中，最难的步骤通常是异构体的分离，特别是邻、对位异构体常常得到几乎相等的量。为了分离异构体，可采用重结晶、分馏、水蒸气蒸馏等方法。

制备实验 19 硝基苯酚的制备

【反应式】

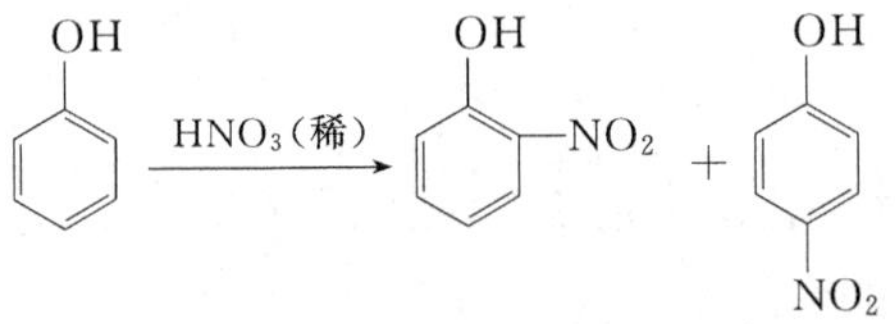

【药品】

浓硝酸 5mL(0.055mol)，苯酸 4g(0.0425mol)，活性炭。

【实验步骤】

取一个 100mL 三口瓶，中间口安装机械搅拌器，侧口安装滴液漏斗和温度计。烧瓶中放入 5mL 浓硝酸和 12mL 水。4g 苯酚加 1mL 水，使之成为液体，移入滴液漏斗。开动搅拌器，缓慢滴加苯酚溶液，控制反应温度在 15～20℃[1]。待所有的苯酚加完后（15～20min），用少量水冲洗分液漏斗内壁，也加到三口瓶中去。继续搅拌 10～15min，以完成反应。此时出现黑色油状物质。

将混合物用冰水冷却，倾去表面水层，再加少量水洗涤两次，尽量洗净剩余的酸。将油层进行水蒸气蒸馏，直至馏出液中不再有邻硝基苯酚黄色结晶析出为止。滤集产品，称重，干燥，测熔点。

将三口瓶中的蒸馏残余物的体积调节至 100mL[2]，加热至沸，热过滤。在热滤液中加适量活性炭，煮沸，再热过滤，除去活性炭。为了使其迅速结晶，可将热滤液分批倒入在冰水浴中冷却的烧杯中。滤集产品，晾干，测熔点。

苯酚的红外光谱见图 3-5，邻硝基苯酚的红外光谱见图 3-20，对硝基苯酚的红外光谱见图 3-21。

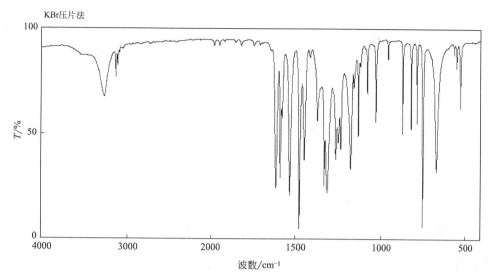

图 3-20　邻硝基苯酚的红外光谱

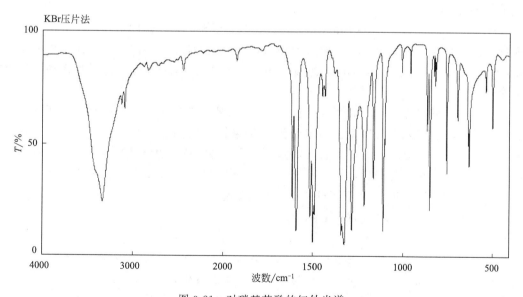

图 3-21　对硝基苯酚的红外光谱

【注释】

[1]　由于酚与酸不互溶，故须不断搅拌使其充分接触，达到反应完全，同时可防止局部过热。反应温度超过 20℃，硝基苯可继续硝化或氧化，使产量降低。

[2]　水蒸气蒸馏后的残液含有对硝基苯酚和少量二硝基苯酚。二硝基苯酚加热时不溶于水，而对硝基苯酚溶于热水，利用此性质可将它们分离。

实验所需时间：6～8 学时。

思　考　题

1. 常温下苯酚在水中的溶解度为 $9g \cdot 100mL^{-1}$ 水。为什么 4g 苯酚和 1mL 水能形成均匀的溶液？

2. 具有什么条件的有机物才能进行水蒸气蒸馏？水蒸气蒸馏有什么优点？

制备实验 20　间二硝基苯的制备

【反应式】

$$\text{（硝基苯）} + HNO_3 \xrightarrow{H_2SO_4} \text{（间二硝基苯）} + H_2O$$

【药品】

硝基苯 1mL(0.01mol)，浓硝酸 3mL，浓硫酸 4mL，碳酸钠，95％乙醇。

【实验步骤】

在干燥的 25mL 圆底烧瓶中放入 4mL 浓硫酸，把烧瓶置于冰水浴中，慢慢地加入 3mL 浓硝酸，同时不断摇动烧瓶，然后加入 1mL 硝基苯，摇匀，加 2 粒沸石。在烧瓶上装上回流冷凝管，冷凝管上接一个气体吸收装置（用碱液吸收）。回流 0.5h，并时加摇动，促使反应完全[1]。

稍冷，在剧烈搅拌下慢慢地倒入盛有 40mL[2]冷水的烧杯中，粗二硝基苯冷却并凝固后倾去酸液。烧杯中加入 20mL 热水，加热至固体熔化。搅拌数分钟后，冷却。倾去稀酸液。烧杯中再加入 20mL 热水，加热至固体熔化，然后一边搅拌一边分几次加入粉状碳酸钠，直到水溶液呈碱性为止。冷却后，倾去碱液，粗二硝基苯再用 40mL 热水分两次洗涤，冷却后减压过滤。取出产物，用 95％乙醇进行重结晶[3]。

纯二硝基苯[4]为无色针状晶体，mp 89.8℃。

【注释】

[1] 硝化反应是否完全，可用下法检验：取摇匀后的反应液少许，滴入盛有冷水的试管中，若有淡黄色的固体物析出，表示反应已经完成；若仍呈液体状，则还须继续加热。

[2] 氮的氧化物有严重的腐蚀性。当反应物倒入水中时，放出大量有毒的氧化氮气体，因此，这一步操作应在通风橱中进行。

[3] 用乙醇重结晶，可除去夹杂的邻及对二硝基苯及尚未作用的硝基苯。三种异构体在乙醇中的溶解度分别为间位 $2.6g \cdot 100mL^{-1}$(20℃)，邻位 $3.8g \cdot 100mL^{-1}$(25℃)，对位 $0.4g \cdot 100mL^{-1}$(20℃)。

[4] 二硝基苯和硝基苯一样，毒性较大，可透过皮肤进入血液而中毒。操作时必须小心，若沾到皮肤上，依次用少量乙醇、肥皂及温水洗涤。

实验所需时间：4 学时。

思　考　题

1. 为什么制备间二硝基苯要在较强烈的反应条件下进行？
2. 进行硝化反应时，最后通常是将反应混合物倒入大量水中，这步操作目的何在？
3. 制得的间二硝基苯有什么杂质？如何除掉？

3.9　芳香族硝基化合物的还原——芳胺的制备

芳胺的制取很难用直接方法将氨基（—NH$_2$）导入芳环上，通常是经过间接的方法来制取。芳香族硝基化合物在酸性介质中还原，可以制得芳香族伯胺 ArNH$_2$。常用的还原剂有：铁-盐酸、铁-醋酸、锡-盐酸、氯化亚锡-盐酸等。用锡-盐酸作还原剂时，作用较快，产率较高，不需用电动搅拌，但锡价格较贵。铁-盐酸还原最常用，因为成本较低，可是需较长的反应时间，且残渣铁泥也难以处理。

制备实验 21　苯胺的制备

【反应式】

$$4C_6H_5NO_2 + 9Fe + 4H_2O \xrightarrow{H^+} 4C_6H_5NH_2 + 3Fe_3O_4$$

【药品】

铁粉 4g，乙酸 0.2mL，硝基苯 2mL(0.02mol)，氯化钠，乙醚，氢氧化钠。

【实验步骤】

在 25mL 圆底烧瓶中，放置 4g 铁粉（40～100 目）、4mL 水和 0.2mL 乙酸，用力振摇使充分混合。装上回流冷凝管，用小火缓缓煮沸 5min[1]。稍冷后，从冷凝管顶端分批加入 2mL 硝基苯。每次加完后用力振摇，使反应物充分混合，反应强烈放热，足以使溶液沸腾。加完后，加热回流 0.5h，并时时摇动，使还原反应完全[2]。

将反应瓶改成水蒸气蒸馏装置，进行水蒸气蒸馏直至馏出液澄清为止[3]，约收集 20mL 馏出液。分出有机层。水层用氯化钠饱和（需 4～5g）后，每次用 2mL 乙醚萃取 3 次，合并苯胺和乙醚萃取液，用粒状氢氧化钠干燥。

将干燥后的苯胺乙醚溶液加入干燥的蒸馏瓶中。先蒸去乙醚回收，再换空气冷凝管加热收集 180～185℃的馏分。

纯苯胺[4]为无色液体，bp 184.13℃，n_D^{30} 1.5863。

苯胺的红外光谱见图 3-22。

【注释】

[1] 这步反应主要是使反应物活化。铁与乙酸作用产生醋酸亚铁，可使铁转变为碱式醋酸铁的过程加速，缩短还原时间。

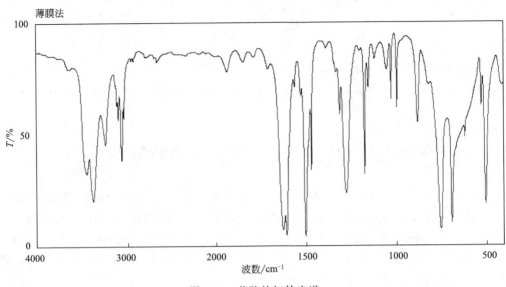

图 3-22　苯胺的红外光谱

［2］硝基苯为黄色油状物，如果回流液中黄色油状物消失而转变成乳白色油珠（由于游离苯胺引起），表示反应已经完成。还原作用必须完全，否则残留在反应物中的硝基苯在以下几步提纯过程中很难分离，因而影响产品纯度。

［3］反应完后，圆底烧瓶壁上粘附的黑色褐色物质，可用 1∶1（体积比）盐酸水溶液温热除去。

［4］苯胺有毒，操作时应避免与皮肤接触或吸入其蒸气。若不慎触及皮肤时，先用水冲洗，再用肥皂和温水洗涤。

实验所需时间：6 学时。

思　考　题

1. 如果以盐酸代替醋酸，则反应后要加入饱和碳酸钠至溶液呈碱性后，才进行水蒸气蒸馏，这是为什么？本实验为何不进行中和？

2. 有机物必须具备什么性质才能采用水蒸气蒸馏提纯？本实验为何选择水蒸气蒸馏法把苯胺从反应混合物中分离出来？

3. 如果最后制得的苯胺含有硝基苯，应如何加以分离提纯？

4. 如果用催化氢化的方法将硝基苯还原成苯胺，试问在标准状态下，还原 6.5mol 硝基苯需要多少毫升氢气？

3.10　酰胺化反应

酰胺可以看作羧酸分子中羟基被氨基或取代氨基（—NHR，—NR$_2$）置换而成的羧酸衍生物。在有机合成中，常用酰胺化反应来保护活泼的氨基免受破坏。

如：

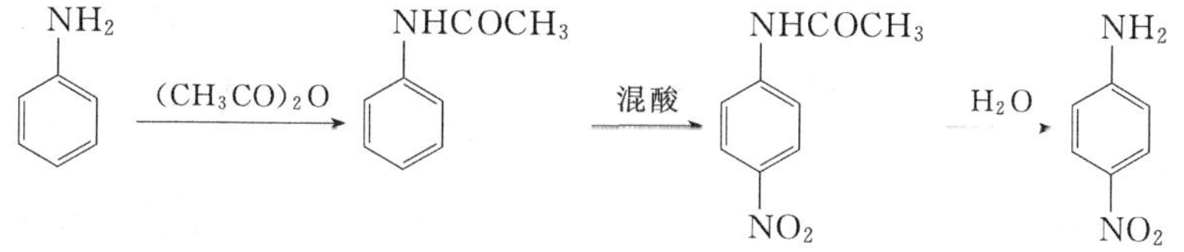

制取酰胺的方法主要有以下四种。

（1）酰卤、酸酐、酯的氨解或胺化

反应活性：$ROCl > (RCO)_2O > RCOOR'$

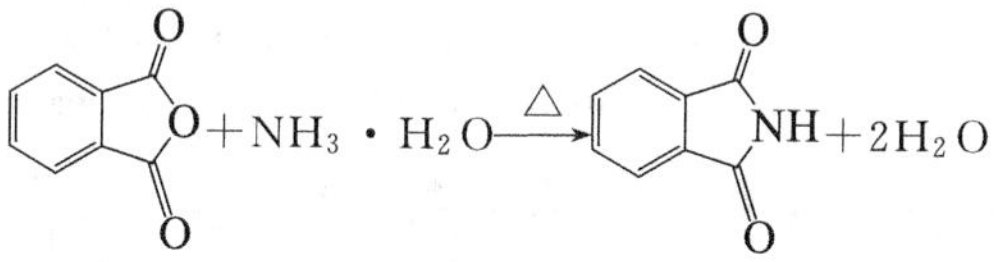

氨（水）可用尿素代替：

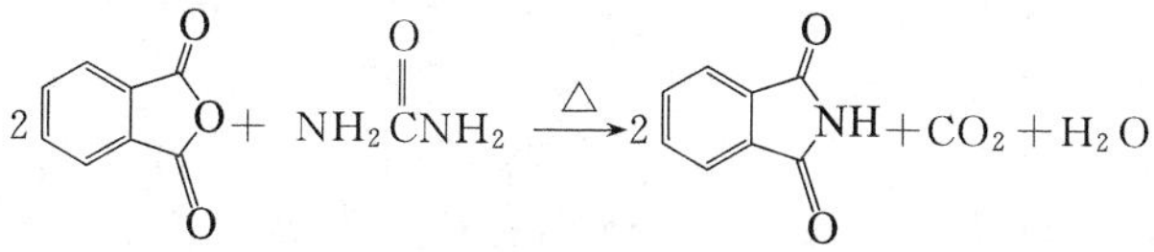

酰卤、酸酐、酯的氨解反应是按亲核加成消除方式进行的。

（2）羧酸铵盐的脱水

羧酸和氨或胺生成的铵盐，经加热脱水生成酰胺。例如：

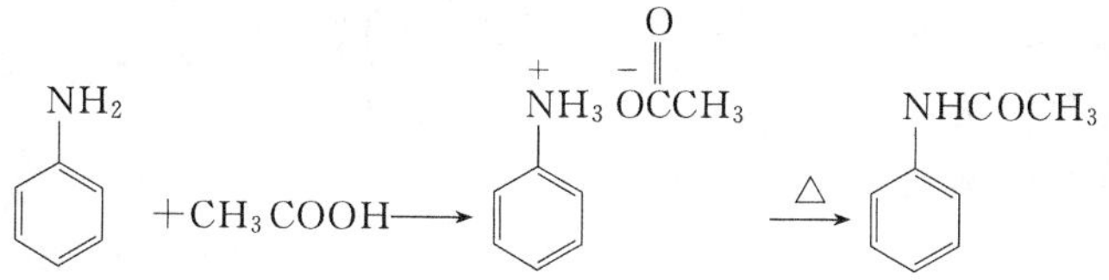

（3）腈的部分水解

腈类用硫酸-水混合物（$d = 1.788$，86% H_2SO_4）或浓 HCl（37%）常温处理得到酰胺：

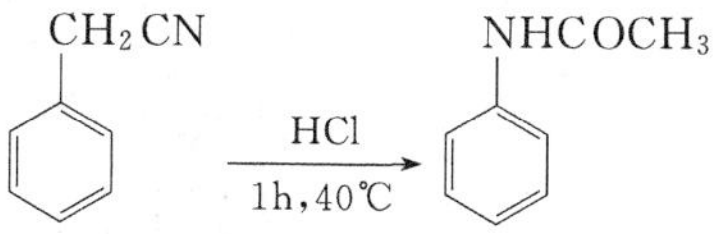

（4）Beckmann 重排反应

酮肟用浓 H_2SO_4、PCl_5 等强酸性试剂处理，发生重排反应生成酰胺。

制备实验 22　　乙酰苯胺的制备

【反应式】

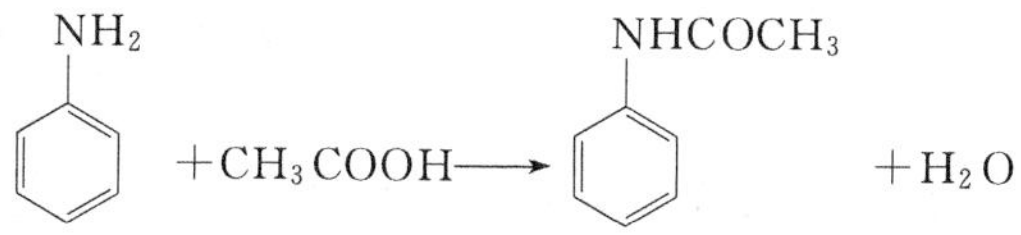

【药品】

苯胺 4mL(0.044mol)，冰醋酸 3mL(0.0525mol)，锌粉，活性炭。

【实验步骤】

在 25mL 烧瓶中放入 4mL 新蒸馏过的苯胺[1]、3mL 冰醋酸、少量锌粉[2]和 1 粒沸石，安装分馏装置。加热分馏，控制加热速度，保持温度计读数在 100～105℃。经过 40～50min，反应所生成的水可完全被蒸除。当温度计的读数发生上下波动时（有时反应容器内出现白雾），反应即达终点，停止加热。

在不断搅拌下，把反应混合物趁热以细流慢慢倒入盛 50mL 水的烧杯中，继续剧烈搅拌。冷却，使粗乙酰苯胺成细粒状完全析出。抽滤，用玻璃钉把固体压碎。再用 5mL 冷水分两次洗涤以除去残留的酸液。尽量抽干，粗产物称重。

粗乙酰苯胺用水重结晶精制。先按粗产物质量及其在 80℃ 时的溶解度[3]计算用水量。将粗乙酰苯胺放入水中，搅拌下加热至沸腾。如果仍有未溶解的油珠[4]，剧烈搅拌，仍不溶，需补加适量热水，直至油珠完全溶解为止。让溶液冷至沸点以下[5]，加适量粉末状活性炭，用玻璃棒搅拌并煮沸 1～2min。趁热用预热好的无颈漏斗过滤[6]，滤液收集在烧杯中。未过滤的溶液继续在电炉上加热。若滤液仍有色，再进行活性炭脱色一次。

在收集滤液的烧杯上盖上表面皿，令其自然冷却至室温。待结晶大致完全时，用冷水浴冷却 15min 使结晶完全。

减压抽滤，用少量冷水洗涤两次，然后用玻璃钉挤压结晶。产品收集在表面皿上，放 80℃ 烘箱中烘干，称重，计算产率，测熔点。用红外光谱鉴定。

纯乙酰苯胺是无色片状结晶，mp 114℃。

乙酰苯胺的红外光谱见图 3-23。

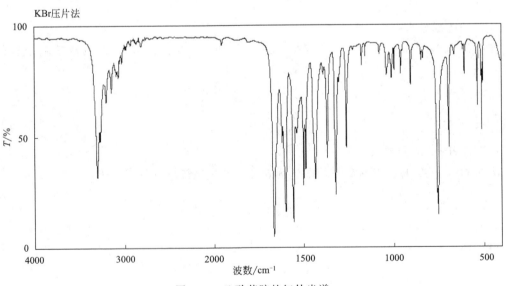

图 3-23　乙酰苯胺的红外光谱

【注释】

[1] 久置的苯胺颜色变深，会影响生成的乙酰苯胺的质量。另外，苯胺有毒，避免吸入其蒸气或与皮肤接触。

[2] 锌粉的作用是防止苯胺在反应过程中氧化。但注意，不能加得过多，否则在后处理中会

出现不溶于水的氢氧化锌。

［3］乙酰苯胺于不同温度在 100mL 水中的溶解度见表 2-7。在以后的各步加热煮沸时，会蒸发掉一部分水，需随时再补加热水。

［4］此油珠是熔融状态的含水的乙酰苯胺（83℃时含水 13%）。如果溶液温度在 83℃以下，溶液中未溶解的乙酰苯胺以固态存在。

［5］在沸腾的溶液中加入活性炭，会引起突然暴沸，致使溶液冲出容器。

［6］事先将玻璃漏斗放在水浴中预热，切不可直接放在石棉网上加热。如有保温漏斗，最好用保温漏斗过滤。也可以用预热好的布氏漏斗减压过滤。布氏漏斗和吸滤瓶放在水浴上预热，以防乙酰苯胺晶体在布氏漏斗内析出。

实验所需时间：6 学时。

思　考　题

1. 反应时为什么要控制柱顶温度在 100～105℃？
2. 为什么反应完成后要将混合物趁热倒入 50mL 冷水中？
3. 在重结晶操作中，必须注意哪几点才能使产品产率高、质量好？
4. 试计算重结晶时留在母液中的乙酰苯胺的量。

制备实验 23　邻苯二甲酰亚胺的制备

方法一：氨水法

【反应式】

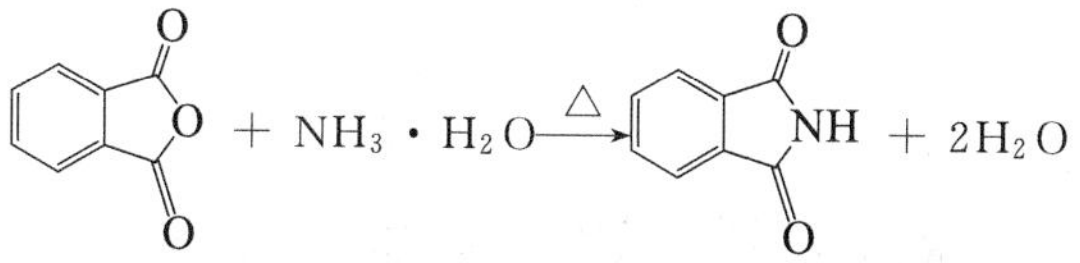

【药品】

邻苯二甲酸酐 3g(0.020mol)，浓氨水 3.2mL，乙醇。

【实验步骤】

在 50mL 圆底烧瓶中加入 3g 白色粉末状邻苯二甲酸酐[1]及 3.2mL 浓氨水[2]，充分混合后缓缓加热，此时邻苯二甲酸酐溶解，并慢慢地全部生成白色针状结晶。继续加热，使结晶熔化，并使熔融液全部升华至干。此过程需 1～1.5h。

冷却，加入热乙醇约 30mL 重结晶。由于产物纯度较高，通常不需精制，可直接应用于合成。记录产量并测熔点。

【注释】

［1］邻苯二甲酸酐为白色晶体，mp 131.6℃，bp 295℃（升华）；微溶于冷水中，易溶于热水水解成邻苯二甲酸，难溶于乙醚。

[2] 浓氨水 d 0.90，含量 28%～29%。

实验所需时间：4 学时。

方法二：碳酸铵法

【反应式】

$$2\ \text{(邻苯二甲酸酐)} + \text{NH}_2\text{CNH}_2 \xrightarrow{\triangle} 2\ \text{(邻苯二甲酰亚胺)} + \text{CO}_2 + \text{H}_2\text{O}$$

【药品】

邻苯二甲酸酐 3g (0.020mol)，尿素 0.72g (0.012mol)。

【实验步骤】

在装有搅拌器、空气冷凝管、温度计的三口烧瓶上依次加入 3g 邻苯二甲酸酐粉末及 0.72g 尿素[1]。充分混合后，在油浴中缓慢加热，当温度达 130～135℃时（约 15min），反应开始，突然发泡。温度自动升到 160℃。搅拌均匀，放冷后，加 3mL 水以分解生成的海绵状熔融物。抽滤，用少量水洗涤，抽干，在 100～110℃干燥。所得产物纯度较高，可不需精制。记录产量并测熔点。

邻苯二甲酰亚胺为无色晶体，mp 238℃。微溶于水，溶于沸乙醇（5g·100g^{-1}乙醇），几乎不溶于苯、石油醚，易溶于碱液。

【注释】

[1] 尿素 mp 130.7℃，溶解度 1g·mL^{-1}水、1g·10mL^{-1} 95%乙醇。

实验所需时间：4 学时。

3. 11　羧酸衍生物的水解

对于较稳定的羧酸衍生物如酯和酰胺，水解反应需要在强碱作用下加热完成。

制备实验 24　肥皂的制备

【反应式】

$$
\begin{array}{l}
\text{R}_1\text{COOCH}_2 \\
\quad | \\
\text{R}_2\text{COOCH} \\
\quad | \\
\text{R}_3\text{COOCH}_2
\end{array}
+ \text{NaOH} \xrightarrow{\triangle}
\begin{array}{l}
\text{R}_1\text{COO}^-\text{Na}^+ \\
\text{R}_2\text{COO}^-\text{Na}^+ \\
\text{R}_3\text{COO}^-\text{Na}^+
\end{array}
+
\begin{array}{l}
\text{HOCH}_2 \\
\quad | \\
\text{HOCH} \\
\quad | \\
\text{HOCH}_2
\end{array}
$$

【药品】

氢氧化钠 1.2g，95%乙醇 2.5mL，猪油 1.2g，氯化钠 6g。

【实验步骤】

在 50mL 烧杯中加入 2.5mL 水和 2.5mL 95%乙醇，将 1.2g 氢氧化钠溶于其中制成溶液，然后加入 1.2g 猪油，在空气浴中搅拌下加热至少 30min[1]。同时另制备 1∶1 体积比的乙醇-水溶液 5mL，在 30min 的加热过程中，每当需要阻止起泡时就小部分地加入此溶液。

　　将 7g 氯化钠溶在 20mL 水中，配成溶液，充分冷却[2]。快速将皂化混合物倾入冰水浴冷却下的盐溶液中，充分搅拌[3]。沉淀出来的肥皂抽滤收集，用少量冰冷的水洗涤肥皂。继续抽吸，让空气通过肥皂，使该产物部分地得到干燥。称出产物的质量。

【注释】

[1] 反应温度不能过低，水解才能充分。

[2] 盐水温度高，有可能会发生乳化，造成分离困难。

[3] 过分搅拌，也有可能造成乳化。

实验所需时间：4 学时。

思　考　题

　　为什么在皂化中用乙醇和水的混合物而不是用水本身？

制备实验 25　脱乙酰基甲壳质的制备

【反应原理】

　　甲壳质（chitin）也叫甲壳素，是属于含氮（6.8%～6.9%）的碳水化合物，在自然界中分布很广，是构成非脊椎动物甲壳的主要成分。如：①节足动物、软体动物、甲壳动物等骨骼均含有甲壳质；②龙虾壳、河虾壳、蟹壳、蚕蛹壳也含较纯甲壳质；③植物界的覃草菌的外膜以及某些细菌的外壳亦由甲壳质组成。

　　甲壳质在甲壳中并非单独存在，而是和碳酸钙、蛋白质及其他有机物结合在一起构成复杂的体系。以虾、蟹壳粉末为原料用稀酸、稀碱等除去 $CaCO_3$ 等便得到甲壳质。甲壳质对稀酸、稀碱的作用相当稳定，但和 30%～40% 浓碱液在加热条件下发生氮原子上的脱乙酰基反应，得到脱乙酰基甲壳质（聚甲壳糖胺或聚-2-氨基葡萄糖）。

　　脱乙酰基甲壳质对海水中的 UO_2^{2+}、Cu^{2+}、Zn^{2+}、Cd^{2+}、Pd^{2+} 具有较大的吸附能力，可用作海水中铀（UO_2^{2+}）、铜（Cu^{2+}）的吸附试剂。

【药品】

　　甲壳质样品 5g，$2mol \cdot L^{-1}$ HCl 50mL，5% NaOH 30mL，30%工业碱 30mL，酒精。

【实验步骤】

　　将蟹壳（虾壳）充分水洗，尽量除去杂质和肉质，晾干后在 100℃ 烘箱中烘干以利研碎，用铁制研钵研细，通过 18 孔筛。

　　将 5g 研细干燥样品用 50mL $2mol \cdot L^{-1}$ HCl 浸泡一夜，以除去 $CaCO_3$，使其变为 CO_2 气

体逸出并有 CaCl$_2$ 生成。抽滤，充分水洗到中性，抽干。

由稀酸处理的样品中还含有少量油脂、蛋白质和色素。可用稀碱液加热处理充分除去。将上述抽干样品和 10mL 5％ NaOH 水溶液混合，搅拌下回流 2h。倾去深色碱液，再加碱重复处理两次，使蛋白质等完全除掉。抽滤，水洗，抽干。

将经稀碱液处理的甲壳质和 10mL 30％工业液碱及 1.7g 固体烧碱，搅拌下小火回流 2h。倾去碱液，再重复处理一次。加水稀释，抽滤，充分水洗到洗液呈中性，抽干。用适量酒精回流以除去残余色素杂质，抽滤，抽干，在 100℃ 下干燥。再充分研碎，浸在蒸馏水中备用。

Cu^{2+} 试验：取少量该吸附剂放入几毫升 CuSO$_4$ 水溶液中一起振摇，立刻变为蓝色。

UO$_2^{2+}$ 试验：用含 UO$_2^{2+}$ 的溶液进行吸附试验以测定其吸附能力。

实验所需时间：6～8 学时。

3.12　霍夫曼酰胺降级反应（ Hoffmann 降级反应 ）

制备实验 26　邻氨基苯甲酸的制备

【反应式】

【药品】

邻苯二甲酰亚胺 3g(0.02mol)，溴 1mL(0.02mol)，氢氧化钠，浓盐酸，冰醋酸，饱和亚硫酸氢钠溶液。

【实验步骤】

在 50mL 锥形瓶中放入 1.8g 氢氧化钠和 10mL 水，充分溶解后，把锥形瓶放在冰盐浴中冷却至 0～5℃。往碱液中一次加入 1mL 溴，振荡锥形瓶，使溴全部反应[1]，此时温度略有升高。在另一锥形瓶中，用 2.5g 氢氧化钠和 10mL 水配成另一碱液。

取 3g 研细的邻苯二甲酰亚胺，加入少量水调成糊状物，一次全部加到冷的次溴酸钠溶液中，剧烈振荡锥形瓶，保持反应混合物在 0℃ 左右。从冰盐浴中取出锥形瓶，再剧烈振荡锥形瓶直到反应物转为黄色清液。把配制好的氢氧化钠全部迅速加入。反应温度自行升高。把反应混合物加热到 80℃ 约 2min，加入 1mL 饱和亚硫酸氢钠溶液[2]，冷却，减压过滤。把滤液倒入 100mL 烧杯中，放在冰水浴中冷却。在不断搅拌下小心滴加浓盐酸，使溶液呈中性，即 pH 值为 7[3]（约需 8mL 盐酸），用石蕊试纸检验。然后再缓慢滴加 3～4mL 醋酸，使邻氨基苯甲酸全部析出[4]，减压过滤，用少量冷水洗涤，晾干。

灰白色粗产物用水进行重结晶，可得白色片状晶体。

纯邻氨基苯甲酸为白色片状晶体，mp 145℃。

【注释】

［1］溴为剧毒、强腐蚀性药品，在取用时应特别小心。在使用前，仔细阅读有关的安全说明。取溴操作必须在通风橱中进行，带防护眼镜及橡皮手套，并且注意不要吸入溴的蒸气。

［2］加入亚硫酸氢钠溶液的目的是还原剩余的次溴酸。

［3］邻氨基苯甲酸既能溶于碱，又能溶于酸。放过量的盐酸会使产物溶解，若已经加入过量盐酸，需加氢氧化钠中和。

［4］邻氨基苯甲酸的等电点的 pH 值为 3～4。为使邻氨基苯甲酸完全析出，加入适量的醋酸调节溶液的 pH 值至 3～4。

实验所需时间：3 学时。

思　考　题

1. 假若溴和氢氧化钠的用量不足或有较大的过量，对反应各有何影响？

2. 邻氨基苯甲酸的碱性溶液，加盐酸使之恰呈中性后，为什么不再加盐酸而是加适量醋酸使邻氨基苯甲酸完全析出？

3.13　氧化反应

制备羧酸最常用的方法是氧化法。可以将烯烃、醇、醛等氧化来制取羧酸。氧化时所用的氧化剂有硝酸、重铬酸钾-硫酸、高锰酸钾、过氧化氢及过氧乙酸等。或用催化氧化的办法，即在催化剂存在下通空气进行氧化。用高锰酸钾进行氧化时，根据需要可以在中性、酸性或碱性介质中进行。

制备实验 27　丙酮的制备

【反应式】

$$3(CH_3)_2CHOH + K_2Cr_2O_7 + 4H_2SO_4 \longrightarrow 3CH_3COCH_3 + Cr_2(SO_4)_3 + 7H_2O + K_2SO_4$$

【药品】

重铬酸钾 5g，异丙醇 5mL，浓硫酸 2mL。

【实验步骤】

称取 5g 重铬酸钾放入 25mL 圆底烧瓶中，加入 5mL 水溶解，再加入 5mL 异丙醇，将混合物摇匀。取一小烧杯加 6mL 水，缓慢加入 2mL 浓硫酸，摇匀后转入滴液漏斗中。安装具有克氏蒸馏头的蒸馏装置，克氏蒸馏头一口中安装滴液漏斗，另一口安装温度计。加热蒸馏瓶中的混合物至沸腾，然后改用小火，用滴液漏斗滴加稀硫酸[1]，保持圆底烧瓶中的液体微沸，收集 50～70℃的馏分[2]。计算产率，测折射率。

纯的丙酮为无色液体，bp 56.2，d 0.791。

异丙醇的红外光谱见图 3-24，丙酮的红外光谱见图 3-25。

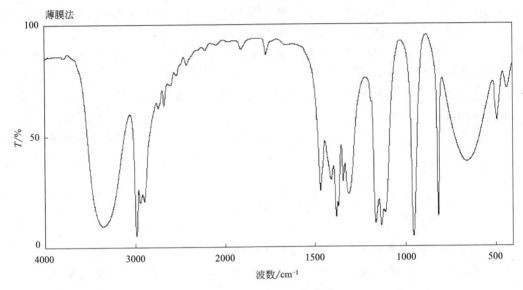

图 3-24　异丙醇的红外光谱

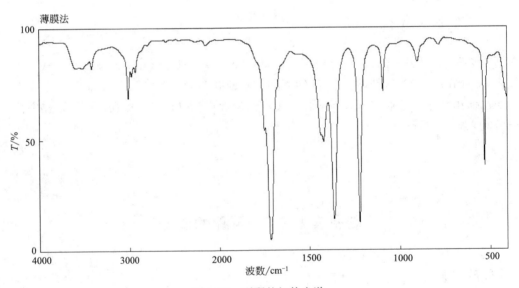

图 3-25　丙酮的红外光谱

【注释】

[1] 滴加稀硫酸时一定要控制速度，不能太快，以防止反应过于剧烈，混合物从反应瓶中喷出。

[2] 接受瓶要事先放在冷水中。

实验所需时间：4 学时。

思　考　题

1. 若以异丙醇为原料催化脱氢，能否生成丙酮？
2. 在本实验中，应该以哪一种原料为标准计算丙酮的产率？

制备实验 28　己二酸的制备

【反应式】

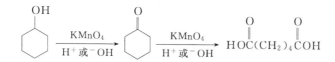

方法一：酸性高锰酸钾氧化

【药品】

环己醇 1mL(0.01mol)，$0.5mol \cdot L^{-1}$ H_2SO_4 25mL，$KMnO_4$ 5g(0.03mol)，固体亚硫酸氢钠。

【实验步骤】

在 100mL 烧杯中加入 25mL $0.5mol \cdot L^{-1}$ 硫酸和 5g $KMnO_4$，并预热至 40℃。在搅拌下滴加 1mL 环己醇[1]，反应物温度控制在 43～47℃。当醇滴加完毕而且温度降到 43℃时，在沸水浴上将烧杯加热几分钟使 MnO_2 凝聚。在一张平整的滤纸上点一小滴混合物以试验反应是否完成[2]。

吸滤此热溶液，缓缓地加热滤液，浓缩至 5mL 左右。将混合物放入冰浴中冷却直到结晶完全。吸滤固体并用少量冰水洗涤。将己二酸干燥，称重，计算产率。

实验所需时间：4 学时。

方法二：用高锰酸钾和碱性催化剂氧化

【药品】

环己醇 1mL(0.01mol)，高锰酸钾 5g(0.03mol)，$0.3mol \cdot L^{-1}$ 氢氧化钠 25mL，亚硫酸氢钠，浓盐酸。

【实验步骤】

在 100mL 烧杯中加入 25mL $0.3mol \cdot L^{-1}$ NaOH，搅拌下加入 5g $KMnO_4$。把反应物预热至 40℃，滴加 1mL 环己醇[1]，维持反应温度为 43～47℃。当醇滴加完毕而且反应温度降至 43℃左右时，在沸水浴中将混合物加热几分钟使 MnO_2 凝聚。试验反应是否完全。

趁热吸滤。将滤液冷却，用 2mL 浓盐酸酸化。小心地加热，将溶液浓缩至 5mL 左右。冷却，吸滤，用少量冷水洗涤。将己二酸干燥，称重，并计算其产率。

己二酸的红外光谱见图 3-26。

实验所需时间：4 学时

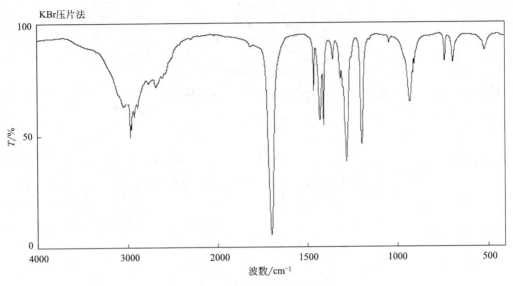

图 3-26　己二酸的红外光谱

【注释】

[1] 反应放热，滴加速度要慢。此时应该撤去热源，预备一个冷水浴准备冷却。

[2] 如果观察到试剂的紫色存在，可用少量固体亚硫酸氢钠来除掉过量的高锰酸盐。

思　考　题

1. 做本实验时，为什么必须严格控制滴加环己醇的速度和反应混合物的温度？

2. 写出反应的平衡方程式。根据方程式计算己二酸的理论产量。

制备实验 29　外消旋樟脑的制备

【反应式】异龙脑或龙脑经氧化均可得到樟脑

异龙脑　　　　　樟脑　　　　　龙脑

【药品】

异龙脑 1g (0.0065mol)，铬酐 0.5g (0.005mol)，冰醋酸，乙醚，饱和碳酸氢钠溶液，无水碳酸钠。

【实验步骤】

在一适当大小的试管中加入 1g 外消旋异龙脑及 5mL 冰醋酸混合至全溶，放在冰浴中冷却。另外将 0.5g 铬酐（CrO_3，深红色结晶，易溶于水、硫酸）溶于 2mL 水及 3mL 冰醋酸配成的溶液，用毛细滴管在 5min 内滴入异龙脑-冰醋酸溶液中，充分混合。将试管浸入 20～23℃水浴中放置 10min。混合液用 30mL 水稀释，所得绿色（Cr^{3+}）溶液用乙醚萃取 3 次（3×5mL）。合并乙醚萃取液，用饱和 $NaHCO_3$ 水溶液洗涤 3 次（3×5mL），再用无水 Na_2CO_3 干燥。振荡至不呈绿色为止。将干燥醚移入一干燥结晶管中，通入干燥空气使乙醚慢慢蒸干，得到 mp 176～178℃的樟脑。

樟脑有右旋樟脑、左旋樟脑及外消旋樟脑三种。

（1）右旋樟脑为无色易升华晶体，mp 176～178℃，$[\alpha]_D^{25}+44.1$（10%，乙醇），微溶于水，易溶于有机溶剂。

（2）左旋樟脑为无色易升华晶体，mp 178.6℃，$[\alpha]_D^{25}-44.2$（乙醇）。

（3）外消旋樟脑为白色易升华结晶，mp 178.8℃（工业品 175～177℃），微溶于水，易溶于乙醇、乙醚、苯、氯仿等。

实验所需时间：4 学时。

3.14　重氮化及重氮盐的反应

在该类反应中较重要者一般都是由芳胺与亚硝酸反应，生成重氮盐。重氮盐不稳定，通常需在冰水浴低温下进行。重氮盐不进行分离，直接与其他物质作用，合成目标产物。

制备实验 30　邻氯苯甲酸的制备——取代反应

【反应式】

$2CuSO_4+2NaCl+2NaHSO_3+2NaOH \longrightarrow 2CuCl\downarrow+Na_2SO_4+Na_2SO_3+2NaHSO_4+H_2O$

【药品】

邻氨基苯甲酸 2g（0.0146mol），亚硝酸钠 1.2g（0.0174mol），结晶硫酸铜（$CuSO_4 \cdot 5H_2O$）4g（0.016mol），氯化钠 1.5g（0.026mol），氢氧化钠 0.8g（0.02mol），亚硫酸氢钠，浓盐酸，乙醇，活性炭。

【实验步骤】

在 50mL 锥形瓶中，放入 2g 邻氨基苯甲酸及 8mL 稀盐酸（1∶1），加热使之溶解[1]，用冰盐冷却至 0～5℃（此时会有晶体重新析出。在重氮化反应时，要等固体全部消失了再检验终点）。在不断摇荡下，往锥形瓶里先快后慢地滴加冷的亚硝酸钠溶液（1.2g 亚硝酸钠溶解于 10mL 水）。用碘化钾淀粉试纸检验重氮化反应的终点，当反应液滴在试纸上立即出现蓝色时，表示反应已到终点[1]，制成的重氮盐溶液置于冰水浴中备用。

在 30mL 圆底烧瓶中放入 4g 结晶硫酸铜、1.5g 氯化钠及 15mL H_2O，加热使之溶解。趁热（60～70℃）在摇荡下加入由 1g 亚硫酸氢钠、0.8g 氢氧化钠和 8mL H_2O 配制的溶液。反应液由蓝绿色渐变为浅绿色（或无色），并析出白色氯化亚铜沉淀。把反应混合物置于冰浴中冷却。用倾泻法除去上层浅绿色溶液，再用水洗涤两次。减压过滤，挤压去水分，得到白色氯化亚铜沉淀。把氯化亚铜溶于 6mL 冷的浓盐酸中，塞紧瓶塞，置于冰水浴中备用。

在振荡下将冷的氯化亚铜的盐酸溶液慢慢加到冷的重氮盐溶液里[2]，反应明显地进行并产生泡沫（如加入过快会有大量泡沫产生，有可能溢出瓶外）。加完后，反应物静置 2～3h，间歇振荡。减压过滤析出的邻氯苯甲酸用少量水洗涤，挤压去水分，晾干。

粗产品用热水（含少量乙醇）进行重结晶。得无色针状晶体。mp 138～139℃。

纯邻氯苯甲酸为无色针状晶体，mp 140.2℃。

【注释】

[1] 在接近重氮化反应终点时，邻氨基苯甲酸与亚硝酸的反应稍慢，因此有必要在滴加亚硝酸钠溶液后搅拌 2min 才进行终点试验。

[2] 也可将冷的重氮盐溶液加到冷的氯化亚铜盐酸溶液中。

实验所需时间：8 学时。

思 考 题

1. 在制备重氮盐时，为什么要等固体全部消失了再检验重氮化反应的终点？

2. 如果在重氮化操作中加入了过多的亚硝酸钠，应做何处理？

3. 如何用邻氨基苯甲酸制备邻碘苯甲酸？

制备实验 31　甲基橙的制备——偶合反应

【反应原理】

甲基橙是指示剂，它是由对氨基苯磺酸重氮盐与 N,N-二甲基苯胺的醋酸盐在弱酸性介质中偶合得到的。偶合首先得到的是嫩红色的酸式甲基橙，称为酸性黄。在碱性中酸性黄转变为橙黄色的钠盐，即甲基橙。

反应式：

$$H_2N\!\!-\!\!\bigcirc\!\!-\!\!SO_3H + NaOH \longrightarrow H_2N\!\!-\!\!\bigcirc\!\!-\!\!SO_3Na + H_2O \xrightarrow[HCl]{NaNO_2}$$

$$[HO_3S\!\!-\!\!\bigcirc\!\!-\!\!\overset{+}{N}\!\!\equiv\!\!N]Cl^- \xrightarrow[HAc]{C_6H_5N(CH_3)_2} [HO_3S\!\!-\!\!\bigcirc\!\!-\!\!N\!\!=\!\!N\!\!-\!\!\bigcirc\!\!-\!\!NH(CH_3)_2]^+Ac^-$$

$$\xrightarrow{NaOH} NaO_3S\!\!-\!\!\bigcirc\!\!-\!\!N\!\!=\!\!N\!\!-\!\!\bigcirc\!\!-\!\!N(CH_3)_2 + NaAc + H_2O$$

【药品】

对氨基苯磺酸 1.0g，亚硝酸钠 0.4g，5％ NaOH，浓盐酸，冰醋酸，10％ NaOH，饱和食盐水，乙醇，乙醚。

【实验步骤】

在 50mL 烧杯中放置 5mL 5％氢氧化钠溶液及 1g 对氨基苯磺酸晶体，温热使之溶解[1]，冷却至室温。另溶 0.4g 亚硝酸钠于 3mL 水中，加入上述烧杯中，用冰盐浴冷至 0～5℃。在不断搅拌下，将 1.5mL 浓盐酸与 5mL 水配成的溶液缓缓滴加到上述混合溶液中，并控制温度在 5℃以下[2]。为了保证反应完全，继续在冰浴中放置 15min[3]。

在一试管内加入 0.7mL N,N-二甲基苯胺和 0.5mL 冰醋酸，振荡使之混合。在搅拌下将此溶液慢慢加到上述冷却的对氨基苯磺酸重氮盐溶液中。加完后，继续搅拌 10min，此时有红色的酸性黄沉淀生成。然后在搅拌下慢慢加入 12mL 5％氢氧化钠溶液，反应物变为橙色。粗制的甲基橙呈细粒状沉淀析出[4]。

将反应物在沸水浴上加热 5min。冷至室温后，再在冰水浴中冷却。待甲基橙全部析出，抽滤收集结晶，依次用少量水、乙醇、乙醚洗涤压干。

若要得到较纯产品，可用溶有少量氢氧化钠（约 0.1g）的沸水（每克粗产物约需 25mL）进行重结晶。待结晶析出完全后，抽滤收集。沉淀依次用少量乙醇、乙醚洗涤[5]，得到橙色的小叶片状甲基橙结晶，产量约 1.2g。

溶解少许甲基橙于水中，加几滴稀盐酸溶液，接着用稀的氢氧化钠溶液中和，观察颜色变化。

甲基橙的红外光谱见图 3-27。

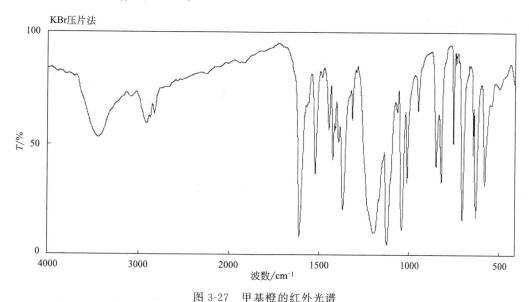

图 3-27　甲基橙的红外光谱

【注释】

[1] 对氨基苯磺酸是两性化合物，其酸性比碱性强，以酸性内盐存在。它能与碱作用成盐而不能与酸作用成盐，所以不溶于酸。但是重氮化反应又要在酸性溶液中进行，所以在进行重氮化反应时，首先将对氨基苯磺酸与碱作用，变成水溶性较大的对氨基苯磺酸钠。

[2] 反应终点应用淀粉-碘化钾试纸检验，若试剂不显蓝色，尚需补加亚硝酸钠溶液。若亚

硝酸过量，应加入少量尿素除去过多的亚硝酸，因为亚硝酸能起氧化和亚硝基化作用。亚硝酸的用量过多会引起一系列副反应。

[3] 在此时往往析出对氨基苯磺酸的重氮盐，这是因为重氮盐在水中可以电离，形成的中性内盐（ $^-SO_3$—◯—$N^+\equiv N$ ）在低温时难溶于水从而形成细小晶体析出。

[4] 若反应物中含有未作用的 N,N-二甲基苯胺醋酸盐，在加入氢氧化钠后，就会有难溶于水的 N,N-二甲基苯胺析出，影响产物的纯度。湿的甲基橙在空气中受光的照射后，颜色很快变深，所以一般得紫红色粗产物。

[5] 重结晶操作应迅速，否则由于产物呈碱性，在温度高时易使产物变质，颜色变深。用乙醇、乙醚洗涤的目的是使其迅速干燥。

实验所需时间：4～6 学时。

思 考 题

1. 什么叫偶合反应？试结合本实验讨论一下偶合反应的条件？
2. 在实验中，制备重氮盐时为什么要把对氨基苯磺酸变成钠盐？
3. 在本实验中，重氮盐的制备为什么要控制在 0～5℃ 中进行？
4. 在制备重氮盐中若加入氯化亚铜将出现什么结果？
5. N,N-二甲基苯胺与重氮盐偶合为什么总是在氨基的对位上发生？

3.15 缩合反应

制备实验 32 乙酰乙酸乙酯的制备——Claisen 缩合

【反应原理】

含有 α-氢的酯在金属钠或醇钠的作用下发生缩合，失去一分子醇，得到 β-羰基酸酯，这个反应就是 Claisen 酯缩合反应。乙酰乙酸乙酯就是通过这个反应来制备的。本实验所用缩合剂是金属钠，它可以与残留在乙酸乙酯中的乙醇作用生成乙醇钠。乙酰乙酸乙酯的生成历程是：

$$CH_3COOC_2H_5 + {}^-CH_2COOC_2H_5 \Longleftrightarrow CH_3\underset{\underset{OC_2H_5}{|}}{\overset{\overset{O^-}{|}}{C}}CH_2COOC_2H_5 \Longleftrightarrow CH_3COCH_2COOC_2H_5 + {}^-OC_2H_5$$

由于生成的乙酰乙酸乙酯分子中亚甲基上的氢非常活泼，能与醇钠作用生成稳定的钠盐，故使平衡向生成乙酰乙酸乙酯的方向移动。

$$CH_3COCH_2COOC_2H_5 + NaOC_2H_5 \Longleftrightarrow Na^+[CH_3COCHCOOC_2H_5]^- + C_2H_5OH$$

最后乙酰乙酸乙酯的钠盐与醋酸作用，生成乙酰乙酸乙酯。

$$Na^+[CH_3COCHCOOC_2H_5]^- + CH_3COOH \longrightarrow CH_3COCH_2COOC_2H_5 + CH_3COONa$$

乙酰乙酸乙酯是一个酮式和烯醇式互变异构体的混合物，室温时含 93% 酮式及 7% 烯醇式。

$$CH_3—\overset{\overset{\displaystyle O}{\|}}{C}—CH_2COOC_2H_5 \rightleftharpoons H_3C—\overset{\overset{\displaystyle OH}{|}}{C}=CHCOOC_2H_5$$

【药品】

乙酸乙酯 5mL（0.051mol），金属钠 0.5g（0.022mol），50％醋酸，饱和食盐水，无水硫酸钠，二甲苯。

【实验步骤】

在 25mL 圆底烧瓶中加 0.5g 金属钠和 2.5mL 二甲苯，装上回流冷凝管，加热使钠熔融。拆去冷凝管，将圆底烧瓶塞紧，用力来回振荡，得细粒状钠珠。稍放置，钠珠沉底。倾出二甲苯，迅速加 5mL 乙酸乙酯[1]，重新安装回流冷凝管，并在其顶部装一氯化钙干燥管，反应立即开始，并有 H_2 泡逸出。待反应剧烈过后，缓慢加热，保持微沸，直到所有的金属钠全部作用完[2]。冷却，振摇下加约 3mL 50％醋酸，使溶液呈弱酸性[3]。反应物由橘红色透明液变为析出大量棕黄色晶体，随后大部分晶体溶解。

用等体积饱和食盐水洗涤上述溶液。分出的酯层用无水硫酸钠干燥。干燥后将酯滤入 25mL 圆底烧瓶，用 2mL 乙酸乙酯洗两次干燥剂，一并转入圆底烧瓶。蒸除乙酸乙酯之后，进行减压蒸馏[4]，截取某一真空度下的相应馏分即为产品。称重，计算产率[5]。

纯乙酰乙酸乙酯为无色液体，bp 180.4℃（同时分解），d 1.028，不同压力下的沸点见表 3-4，n_D^{20} 1.4192，溶于水（14.3g·100g^{-1} 水）。

表 3-4　乙酰乙酸乙酯的沸点与压力的关系

p/kPa	101.3	8.00	5.33	4.00	2.67	2.40	1.87	1.60
bp/℃	180.4	97	92	88	82	78	74	71

乙酰乙酸乙酯的红外光谱见图 3-28。

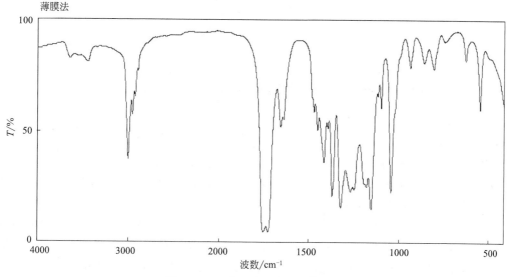

图 3-28　乙酰乙酸乙酯的红外光谱

【注释】

[1] 反应需要绝对干燥。乙酸乙酯中含水或较多的醇（应含 1％～2％的醇），都会使产量显著降低。乙酸乙酯的精制：在分液漏斗中将普通乙酸乙酯与等体积饱和氯化钙溶液混合，剧

烈振荡，洗去其中所含的部分乙醇。如此洗 2～3 次，用高温熔烧过的无水碳酸钾干燥，然后进行蒸馏，截取 76～78℃的馏分。

[2] 一般要求金属钠全部消耗掉，但极少量未反应的金属钠并不妨碍进一步的操作。

[3] 由于乙酰乙酸乙酯中亚甲基上的氢活性很强（$pK_a=11$），相应酸性比醇大，因此在醇钠存在下，乙酰乙酸乙酯以钠盐的形式存在：

$$CH_3COCH_2COOC_2H_5 + NaOC_2H_5 \rightleftharpoons Na^+[CH_3COCHCOOC_2H_5]^- + C_2H_5OH$$

因此，反应结束时，饱和的乙酰乙酸乙酯钠盐可能会从橘红色溶液中析出少量淡黄色沉淀。当加 50% 醋酸时，开始由于乙酰乙酸乙酯的钠盐溶解度减小，大量析出，随着醋酸的加入，乙酰乙酸乙酯的钠盐逐步转化为乙酰乙酸乙酯，结晶溶解。

此步要注意避免加入过量的醋酸，否则会增大酯在水层的溶解度而降低产率。同时酸度过大，会促进副产物"去水乙酸"的生成，也降低产品的产率。"去水乙酸"的生成过程：

[4] 乙酰乙酸乙酯在常压蒸馏时很容易分解，其分解物为"去水乙酸"。故应用减压蒸馏的方法，根据沸点与压力的关系，截取一定真空度下沸点前后 2～3℃的馏分。

[5] 酯的产率用金属钠的量来计算。

注意：本实验从头至尾尽可能在 1～2d 内完成，任何两步操作之间的时间间隔太长都会促使"去水乙酸"的生成。"去水乙酸"通常溶解于酯内，随着过量的乙酸乙酯蒸出。特别是最后减压蒸馏时，随着部分乙酰乙酸乙酯的蒸出，"去水乙酸"就呈棕黄色固体析出。

制备实验 33　　肉桂酸的制备——Perkin 反应

【反应原理】

芳香醛和酸酐在相同羧酸的碱金属盐存在下，发生类似醇醛缩合反应得到 α,β-不饱和芳香酸。这个反应用于合成肉桂酸及其同系物，称为 Perkin 反应（珀金反应），它是酸碱催化醇醛缩合反应的一种特殊情况。

Perkin 反应历程是：羧酸盐负离子（1）作为质子接受者，转变为酸（2），同时生成一个酸酐的负离子（3），然后和醛发生亲核加成，生成中间产物 β-羟基酸酐（4）。质子受体酸（2）作为脱水的催化剂，使中间产物 β-羟基酸酐再脱水和水解得到不饱和酸（5），同时再生成第一步所需要的催化剂负离子

$$\underset{(1)}{(CH_3CO)_2O + CH_3COOK} \rightleftharpoons \underset{(3)}{[^-CH_2\overset{O}{\overset{\|}{C}}O\overset{O}{\overset{\|}{C}}CH_3]K^+} + \underset{(2)}{CH_3COOH}$$

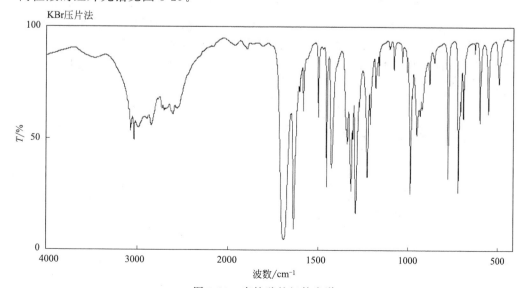

$$\xrightarrow{-H_2O} \underset{\text{（5）}}{\text{CH=CHCOCCH}_3} \xrightarrow{\text{水解}} \text{CH=CHCOOH} + CH_3COOH$$

【反应式】

$$C_6H_5CHO + (CH_3CO)_2O \xrightarrow[140\sim180℃]{CH_3COOK} C_6H_5CH=CHCOOH + CH_3COOH$$

【药品】

苯甲醛 4mL（0.039mol），醋酸酐 5mL（0.053mol），无水醋酸钾，碳酸钠固体，活性炭，浓盐酸。

【实验步骤】

在装有空气冷凝管及温度计的 50mL 三口瓶中，加入新熔融过并研细的无水醋酸钾 2g[1]。新蒸过的醋酸酐 5mL 及新蒸过的苯甲醛 4mL[2]，在 160～180℃回流 1h[3]。当瓶壁上有固体物质析出时，摇动铁架台，冲洗下去。

反应结束后，稍冷却，加入 5g 固体碳酸钠[4]和 40mL 水，使溶液呈弱碱性。改装蒸馏装置，进行水蒸气蒸馏，直至馏出液无油珠为止，蒸除未反应完的苯甲醛。蒸馏烧瓶中的残留液加适量活性炭，煮沸 5min，热过滤。在搅拌下向热滤液中小心滴加浓盐酸至呈酸性，冷却。待结晶全部析出后，抽滤，用少量冷水洗涤沉淀，干燥，称重。

粗产物可在热水或 3:1 的稀乙醇中重结晶。

纯净的肉桂酸为无色单斜晶体，此法合成的产品通常为反式异构体，mp 133℃。溶解度：25℃，$0.1g \cdot 100mL^{-1}$ H_2O；98℃，$0.6g \cdot 100mL^{-1}$ H_2O。

肉桂酸的红外光谱见图 3-29。

KBr压片法

图 3-29　肉桂酸的红外光谱

【注释】

[1] 本实验需在干燥条件下进行。无水醋酸钾需新鲜熔融：将含水醋酸钾放入蒸发皿中加热，盐先在自己的结晶水中溶解，水分挥发后又结成固体。强热使固体再熔化，并不断搅拌，使水分散发后，趁热倒在金属板上。冷后用研钵研碎，放入干燥器中待用。

[2] 醋酸酐放久了因吸收潮气而水解转变为乙酸，故在实验前需重新蒸馏。苯甲醛放久了会氧化生成苯甲酸，这不但影响反应进行，而且苯甲酸混入产品中不易除干净，将影响产品质量，故苯甲醛应事先蒸馏，取 178～180℃馏分进行反应。

[3] 加热速度不能过快，否则乙酐会挥发损失。

[4] 乙酸的存在使苯甲醛在水中的溶解度增大，不能很好地除去，这时不能用氢氧化钠，否则未反应的苯甲醛可能在加热条件下发生 Cannizzaro 反应，生成影响产品质量的苯甲酸。

思 考 题

1. 甲醛分别与丙二酸二乙酯、过量丙酮或乙醛相互作用应得到什么产物？从这些产物中如何得到肉桂酸？

2. 甲醛和丙酸酐在无水丙酸钾的作用下能得到什么产物？

3. 本实验中水蒸气蒸馏前若用氢氧化钠溶液代替碳酸钠溶液碱化有什么不好？

4. 水蒸气蒸馏目的何在？此步可否省掉？

制备实验 34　8-羟基喹啉的制备——Skraup 反应

【反应原理】

芳香胺与无水甘油、浓硫酸及弱氧化剂如硝基苯、间硝基苯磺酸或砷酸等一起加热可得喹啉及其衍生物，这一反应称为 Skraup 反应。加入少量硫酸亚铁或硼酸可以控制反应程度，其中浓硫酸的作用是使甘油脱水成丙烯醛，并使芳胺与丙烯醛的加成产物脱水成环。硝基苯等弱氧化剂将环化产物氧化成喹啉或其衍生物，硝基苯本身则被还原成苯胺等继续参加缩合反应。

【反应式】

【药品】

无水甘油 4mL（5.04g, 0.055mol），邻硝基苯酚 1g（0.007mol），邻氨基苯酚 1.5g

（0.014mol），浓硫酸，氢氧化钠，饱和碳酸钠，乙醇。

【实验步骤】

50mL 圆底烧瓶中加入无水甘油[1]4mL、邻硝基苯酚 1g、邻氨基苯酚 1.5g，剧烈振荡，使混合均匀。在不断振荡下滴加 2.5mL 浓 H_2SO_4（若瓶内温度较高，可于冷水浴上冷却）。装上回流冷凝管，用电热套缓慢加热。当溶液微沸时，立即移去热源[2]。反应大量放热。待作用缓和后，继续加热，保持反应物微沸 2h。

稍冷后，进行水蒸气蒸馏，除去未作用的邻硝基苯酚。瓶内液体冷却后，慢慢加入1:1质量比的氢氧化钠溶液，使溶液呈中性[3]。再一次进行水蒸气蒸馏，蒸出 8-羟基喹啉[4]。馏出液充分冷却后，抽滤，洗涤，干燥，得粗产品。粗产物用 4:1 体积比的乙醇-水混合溶剂约 5mL 重结晶，得 8-羟基喹啉[5]。称重，计算产率。

纯 8-羟基喹啉为无色针状晶体，mp 76℃。

【注释】

[1] 所用甘油含水量不应超过 0.5%，含水量大会影响产率。可将普通甘油置于蒸发皿中加热至 180℃，冷至 100℃左右，放入盛有浓硫酸的干燥器中备用。常温下甘油为黏稠液体，应用加量法直接用反应瓶称取。

[2] 反应为放热反应，溶液呈微沸时，表示反应已经开始，如继续加热，则反应过于剧烈，溶液会冲出容器。

[3] 8-羟基喹啉既溶于碱又溶于酸而成盐，成盐后就不能被水蒸气蒸馏蒸出。为此必须小心中和，严格控制 pH 值在 7~8。当中和恰当时，瓶内析出的 8-羟基喹啉的沉淀最多。为此，可先用氢氧化钠溶液中和接近中性，再用饱和碳酸钠溶液中和至中性。

[4] 为确保产物蒸出，在水蒸气蒸馏后，对蒸馏残液的 pH 值再进行一次检查，必要时再调节 pH 值至中性，继续进行水蒸气蒸馏。

[5] 反应的产率以邻氨基苯酚计算，不考虑邻硝基苯酚还原后参与反应的量。

实验所需时间：8 学时。

思　考　题

1. 为什么第一次水蒸气蒸馏在酸性条件下进行，而第二次又要在中性条件下进行？

2. 为什么在第二次水蒸气蒸馏时，一定要很好地控制溶液 pH 值？碱性过强有何不利？若已发现碱性过强，应如何补救？

3. 如果用对甲基苯胺作原料进行 Skraup 反应，应得到什么产物？应选什么样的硝基化合物？

制备实验 35　双酚 A 的制备

【反应原理】

苯酚与丙酮在催化剂硫酸及助催化剂 "591"[1]存在下进行缩合反应，生成双酚 A [2.2-

双（4,4′-二羟基苯基）丙烷]。反应过程中以甲苯为分散剂，防止反应生成物结块。

【反应式】

$$\text{苯酚（OH）} + CH_3-\overset{O}{\underset{}{C}}-CH_3 \xrightarrow[\text{"591"}]{80\% H_2SO_4} HO-\text{苯基}-\overset{CH_3}{\underset{CH_3}{C}}-\text{苯基}-OH + H_2O$$

【药品】

苯酚 2.64g(0.028mol)，丙酮 1mL(0.014mol)，"591"[2] 0.1g，80%硫酸，甲苯，硫代硫酸钠，一氯乙酸，乙醇，30%氢氧化钠。

【实验步骤】

（1）"591"助催化剂的制备

在 50mL 三口瓶中加 10mL 乙醇，搅拌下加 2.5g 一氯乙酸，室温下溶解后，控制温度在 60℃以下滴加 30%氢氧化钠至 pH 值为 7。若 pH 值<7，继续加碱；若 pH 值>7，加氯乙酸调节。加入 1mL 60℃下的饱和硫代硫酸钠溶液，升温到 75～80℃，有白色固体析出。冷却，过滤，干燥，即得"591"。该物质易溶于水，不能用水洗涤。

（2）双酚 A 的合成

50mL 三口瓶中，加入 2.64g 苯酚、5mL 甲苯、2mL 80%硫酸以及 0.1g "591"助催化剂，搅拌下滴加 1mL 丙酮，控制温度不超过 35℃。滴加完毕，在 35～40℃下搅拌 2h，反应物逐渐由无色变黄、变橙红最后有黄色固体生成，停止搅拌。产物倒入 10mL 冷水中，充分冷却，抽滤。用水洗至滤液不显酸性，得黄色双酚 A 粗产品。用甲苯重结晶，1g 双酚 A 粗产品需 8～10mL 甲苯。

纯双酚 A 为白色粉末或片状晶体，mp 152～153℃。

【注释】

[1] "591"也可用巯基乙酸代替。80%硫酸也可用四氯化硅代替作为催化剂和脱水剂。

[2] 如果不事先制备，"591"也可用硫代硫酸钠和一氯醋酸直接代替：先在三口瓶中加 0.3g 硫代硫酸钠及 0.1g 一氯醋酸，混合均匀，然后依次加入苯酚、甲苯、硫酸，最后滴加丙酮。反应时间可相对缩短些，产率稍低。

3.16　Diels-Alder 反应（双烯合成）

含有一个活泼双键或叁键的烯或炔类与二烯或多烯共轭体系发生 1,4 加成，生成六元环状化合物的反应称为 Diels-Alder 双烯合成反应。这个反应极易进行，速度快，产率高，不需要催化剂，所以应用范围极广泛，是合成环状化合物的一个重要方法。

与双烯加成的烯或炔类为亲双烯试剂，重要的亲双烯试剂为含 C=C—C=O 体系的各种衍生物，如顺丁烯二酸酐就是其中之一。

发生双烯加成的二烯化合物包括开链的和脂环的 1,3-二烯以及具有电子离域体系的芳香族化合物（如蒽、呋喃、多取代噻吩等）。

Diels-Alder 双烯合成历程是一个经环状六中心过渡态的一步完成的协同反应。如：

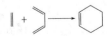

制备实验 36　蒽和马来酐的加成

【反应式】

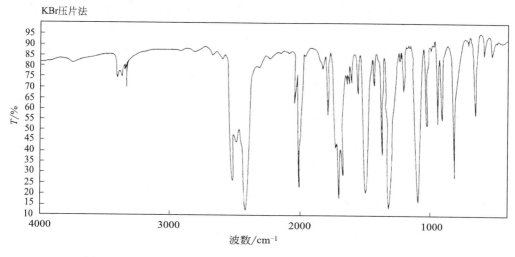

【药品】

蒽 1g(0.0056mol)，马来酸酐 0.55g(0.0056mol)，二甲苯 10mL。

【实验步骤】

在 25mL 圆底烧瓶中加入 1g 蒽及 0.55g 马来酸酐和 10mL 二甲苯，回流 20min。将液面的边缘上析出的晶体振荡下去，再继续回流 5min。冷却，抽滤。在真空干燥器内干燥[1]，得产品。纯品 mp 262～263℃（分解）。

产品的红外光谱见图 3-30。

KBr压片法

图 3-30　（9,10-二氢蒽-9,10-乙内桥-11,12-二甲酸酐）的红外光谱

【注释】

[1] 产物在空气中干燥易吸收水分发生部分水解，同时也影响熔点测定。

实验所需时间：2 学时。

思　考　题

蒽和马来酐的加成能否发生在 1、4 位？

制备实验 37　*endo*-二氯亚甲基四氯代四氢邻苯二甲酸的制备

【反应式】

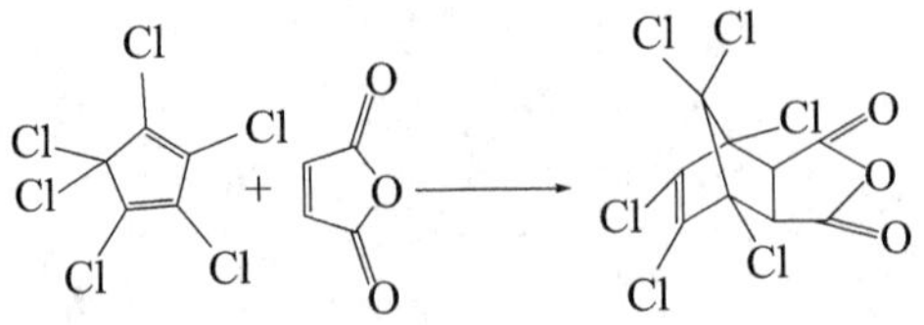

【药品】

六氯环戊二烯 2mL(0.012mol)，顺丁烯二酸酐 1.2g(0.012mol)。

【实验步骤】

在装有温度计、空气冷凝管及搅拌器的三口瓶中加 2mL 六氯环戊二烯及 1.2g 顺丁烯二酸酐，搅拌下加热。顺丁烯二酸酐逐渐熔化，与六氯环戊二烯分成两层。反应放热，温度迅速升高到 160℃。降低加热速度，当温度达到 200℃ 时，停止加热。此时反应物的颜色已由淡黄色变为棕褐色。

继续搅拌，温度降至 100℃ 时，反应物开始固化。进行水蒸气蒸馏，尽量收回未反应完的六氯环戊二烯。残留物趁热倒入盛 10mL 水的烧杯中，剧烈搅拌下加热，使溶液澄清。冷却，结晶，抽滤，水洗，再用水重结晶一次，得淡黄针状晶体，自然干燥[1]。

纯 *endo*-二氯亚甲基四氯代四氢邻苯二甲酸的相对分子质量为 388.88，为淡黄色针状晶体，mp 236～237℃。

【注释】

[1] 也可以在 120～130℃ 的烘箱内烘干，温度过高，会部分成酐。

思　考　题

1. 此双烯合成按什么机理进行？
2. 如何得到纯净的酸酐？

3.17　碳烯和苯炔的反应

制备实验 38　7,7-二氯双环 [4.1.0] 庚烷的制备

【反应原理】

碳烯也称卡宾 (Carbenes)，是一类活泼中间体。最简单的碳烯是亚甲基 H_2C：。由于碳烯结构中有两个未共用电子和一个空轨道，因此碳烯表现出亲电子性质，可以和碳-碳双键的 π 电子发生加成反应。

制取碳烯的方法很多，本实验选用其中的一种方法——α-消除法来制取二氯碳烯：

$$CHCl_3 \xrightarrow[-H^+]{OH^-} :CCl_3^- \xrightarrow{-Cl^-} :CCl_2$$

由于其中间体 $:CCl_3^-$ 及 $:CCl_2$ 都能与水发生反应，因此在二氯卡宾引起的反应中，须小心地除去水。如果在相转移催化剂存在下，反应则可以在有水介质的存在下，在有机相中顺利进行。

氯仿、5％氢氧化钠水溶液和环己烯在催化剂季铵盐存在下一起搅拌几分钟，使产生乳浊液。约 30min 后，完成放热反应。易溶于水的季铵盐与氢氧化钠反应生成不溶于水的季铵碱。

不溶于水的季铵碱可溶于氯仿，在氯仿层与氯仿作用形成仍溶于氯仿的三氯乙基季铵盐。该盐在有机层分解，产生二氯碳烯和易溶于水的季铵盐。二氯碳烯与环己烯直接反应生成产物，而季铵盐则返回水层重新开始此过程。

$$N(C_2H_5)_4^+ OH^- + CHCl_3 \longrightarrow N(C_2H_5)_4^+ CCl_3^- + H_2O$$

$$N(C_2H_5)_4^+ CCl_3^- \longrightarrow N(C_2H_5)_4^+ Cl^- + :CCl_2$$

【药品】

环己烯 2mL(0.02mol)，氯仿 5mL(0.06mol)，四乙基溴化铵 0.1g，氢氧化钠，乙醚，$2mol \cdot L^{-1}$ 盐酸，无水硫酸镁。

【实验步骤】

在 50mL 三口瓶上安装搅拌器、回流冷凝管及温度计。将新蒸过的环己烯 2mL、氯仿 5mL[1]、0.1g 四乙基溴化铵[2]加入烧瓶，开动搅拌器，在强烈搅拌下滴加 50％氢氧化钠溶液 8mL[3]。反应物逐渐变为乳浊液，温度缓缓上升到 50～55℃[4]。保持此温度 1h，反应物由灰白色变为棕黄色，在室温下继续搅拌 2.5h。

加入 10mL 冰水，用分液漏斗分液，用 5mL 乙醚萃取水层。萃取液与氯仿层合并，用 5mL $2mol \cdot L^{-1}$ 盐酸洗涤，再每次用 5mL 水洗二次，用无水硫酸镁干燥。

干燥后的溶液蒸除低沸点溶剂后，改用减压蒸馏，收集 79～80℃/2kPa 的馏分。

纯 7,7-二氯双环 [4.1.0] 庚烷为无色液体，bp 197～198℃。

【注释】

[1] 应当使用无乙醇的氯仿，普通氯仿为防止分解而产生有毒的光气，一般加入少量乙醇作为稳定剂，在使用时必须除去。除去乙醇的方法是用等体积水洗涤氯仿 2～3 次，用无水氯化钙干燥数小时后进行蒸馏，也可用 4A 分子筛浸泡过夜。

[2] 也可用其他相转移催化剂，如 $(C_2H_5)_4NCl$ 或 $(C_2H_5)_2(C_6H_5CH_2)_2NCl$ 等。

[3] 本实验也可使用固体氢氧化钠，从而避免水的加入，省去相转移催化剂。过程如下：在 50mL 三口瓶里加 25mL 氯仿、3.1mL(0.03mol) 环己烯和 0.3g 相对分子质量为 400～600 的聚乙二醇。搅拌均匀后，在冰水浴冷却下，迅速加入 5g 研细的氢氧化钠。冰水浴下激烈搅拌 2～3h。过滤除去沉淀物，残渣用乙醚洗 2 次，乙醚与滤液合并。先水浴蒸除乙醚和氯仿，然后减压蒸馏收集产品。

[4] 若反应温度不能自行上升到 50～55℃，可在水浴上加热反应物。

实验所需时间：8 学时。

思 考 题

1. 相转移催化原理是什么？
2. 为什么要用无乙醇的氯仿？

制备实验 39   三蝶烯的制备

【反应原理】

三蝶烯是由苯炔对蒽的 9,10 位加成形成的笼状环烃：

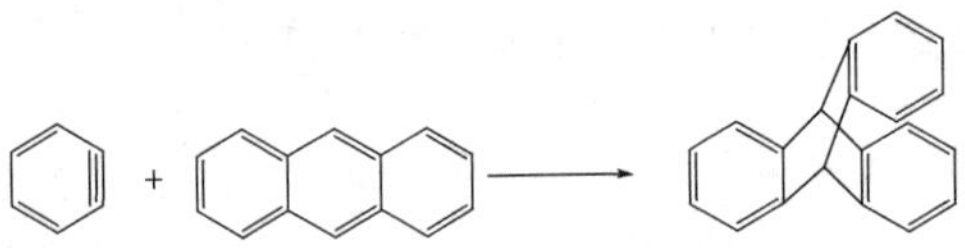

苯炔是一重要的活性中间体，其生成方法很多。本实验通过邻氨基苯甲酸的重氮盐受热分解来制取苯炔。重氮化试剂是亚硝酸异戊酯：

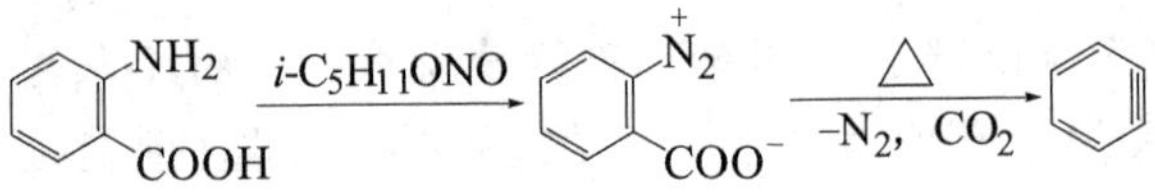

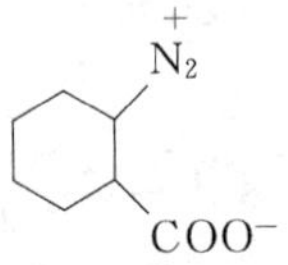

是一个具有爆炸性的两性离子。实验过程中并不将其分离出来，而是慢慢地把邻氨基苯甲酸加到蒽和亚硝酸异戊酯在非质子性溶剂中配成的溶液内，苯炔一旦形成就会马上与蒽反应，这样还会降低苯炔的副反应，苯炔可能发生的副反应是：

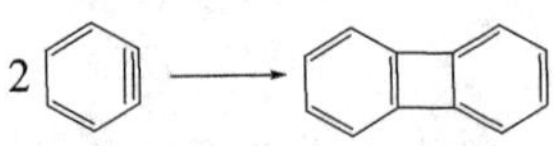

本实验所用的非质子性溶剂可以是低沸点的二氯甲烷（bp 41℃），但由于反应放热，使用二氯甲烷，反应进行较缓慢，滴加邻氨基苯甲酸的时间较长。也可用较高沸点的 1,2-二甲氧基乙烷（bp 83℃）作溶剂，加快反应速度，缩短反应时间。

【药品】

蒽 3.6g(0.02mol)，亚硝酸异戊酯 1.8g(0.015mol)，1,2-二氯乙烷 10mL，邻氨基苯甲酸 2g(0.015mol)，二乙二醇二乙醚 10mL，顺丁烯二酸酐 2g，氢氧化钾，甲醇，丁酮，活性炭。

【实验步骤】

在装有搅拌器、回流冷凝管和滴液漏斗的 50mL 三口瓶中放入 3.6g 蒽和 1.8g 亚硝酸异戊酯[1]以及 10mL 1,2-二氯乙院，滴液漏斗中放 2g 邻氨基苯甲酸溶于 10mL 二乙二醇二乙醚[2]的溶液，水浴加热至反应物回流。移去水浴，开动搅拌器，从滴液漏斗中慢慢地滴加邻氨基苯甲酸的溶液。反应所放出的热量能维持反应物回流，滴加完毕，继续在水浴上回流 15min。

撤去搅拌器，改成蒸馏装置，加热蒸馏，蒸除 150℃以下的溶剂。稍冷却，将仪器改装成回流装置，加入 2g 顺丁烯二酸酐[3]，加热回流 10min。用冰水浴冷却，搅拌下慢慢加入 4g 氢氧化钾溶于 10mL 甲醇和 5mL 水的溶液。将析出的三蝶烯粗产品抽滤，用 4∶1 甲醇-水（体积比）溶液洗涤至洗涤液无色，粗产品干燥后产量约为 1.5g[4]。

三蝶烯粗产品可用丁酮作溶剂进行重结晶，每克三蝶烯约需 10mL 丁酮。将溶液置于水浴上加热，用少量活性炭脱色。抽滤，将所得滤液浓缩到原体积的 2/3。再加等体积的甲醇，在冰水浴中冷却，抽滤。用少量冷甲醇洗涤，干燥[5]。

纯净的三蝶烯为无色晶体，mp 253～256℃。

【注释】

[1] 亚硝酸酯的毒性较大，整个制备应在通风橱中进行。吸入亚硝酸酯的蒸气会使人感到严重头痛及心脏刺激。

[2] 溶剂最好用高沸点的极性非质子溶剂，如没有二乙二醇二乙醚（bp 189℃），可用三乙二醇二乙醚（bp 222℃）代替，但不能用沸点相应的醇代替。

[3] 反应混合物中含有未反应的蒽。蒽与三蝶烯的溶解性相似，难分离。顺丁烯二酸酐与蒽发生双烯合成反应，产物在碱性条件下水解转化为水溶性的钾盐，易与三蝶烯分离。

[4] 母液中的三蝶烯可进一步回收。

[5] 若精制后三蝶烯熔点范围太宽，说明产物中仍含蒽。应重新与顺丁烯二酸酐反应并提纯。

实验所需时间：8～10 学时。

思　考　题

1. 为什么要慢慢滴加邻氨基苯甲酸的二乙二醇二乙醚溶液？如一次加入，可能会发生什么问题？

2. 在本实验中为什么采用亚硝酸异戊酯作邻氨基苯甲酸的重氮化试剂而不用亚硝酸钠？

3. 实验过程中的简单蒸馏操作是为了除去什么物质？

4. 选择二乙二醇二乙醚作溶剂，是有助于苯炔的生成和分解以及三蝶烯的分离的，试简述其理由。能不能用醇代替？为什么？

5. 为什么加入顺丁烯二酸酐后需加热回流？

6. 如果用呋喃代替蒽进行此反应，产物将是什么？

3.18　天然有机化合物的提取与鉴定

从生物体里提取出天然化合物，最常用的方法有溶剂提取法和水蒸气蒸馏法等。溶剂提取法一般是先把生物物质粉碎，然后用单一或混合溶剂进行萃取。

在生物物质里常含有一些水溶性成分，比如：无机盐、分子不大的糖类、鞣质（单宁物质）、氨基酸和蛋白质、有机酸、碱的盐类和苷等。它们都可被溶剂水提取出来，为了增加某种成分的溶解度，也常用酸水和碱水进行提取。

水蒸气蒸馏法常用于提取与水不相混溶的挥发性天然产物。

提取出来的粗产物经过分离提纯以后，还需要进行鉴定。对化合物的鉴定，应该做出准确无误的结论。为此除考虑沸点、折射率、旋光度外，同时还要结合红外（IR）和核磁共振（NMR）谱图的解析。除此以外，色谱法也广泛应用于这类物质的鉴定，而衍生物熔点测定法在有机物结构研究中曾起过重要作用。

制备实验 40　橘皮油主要成分的提取与鉴定

【实验原理】

橘皮的精油含有通式为 $C_{10}H_{16}$ 的萜烯类物质。油中百分含量高的某一种化合物，可以通过气相色谱指示出来。问题就是要鉴定这个主要成分。

不要在数据不足的情况下做出鉴定。例如：旋光率固然可以给出答案，但可能会出差错。为此除考虑沸点、折射率和旋光率外，同时还要结合 IR 和 NMR 谱图的解释。

【药品】

橘皮 20g，二氯甲烷 30mL，无水硫酸钠。

【实验步骤】

将橘子皮 20g 切成极小的碎片（越小越好）。把这些碎片连同 150mL 水放入 250mL 蒸馏烧瓶中。装上蒸馏装置进行蒸馏。用量筒收集 50mL 馏出液，并注意气味和外观的变化。用二氯甲烷提取馏出液三次，每次用 10mL。合并提取液，并用无水硫酸钠干燥。然后把液体倒入已称重的加有沸石的 50mL 圆底烧瓶中，在热水浴上蒸馏，回收二氯甲烷。当体积减少到约为 1mL 时，将烧瓶与水泵连接，并用热水继续加热几分钟，以除去最后一点二氯甲烷。

称重，计算产率，嗅气味。

根据实验室的设备尽可能做下面的工作。

（1）用气相色谱分析确定橘皮油中主要成分的百分含量。

（2）用微量法测定沸程。

（3）测定折射率。

（4）测定乙醇溶液的旋光度。这需要将几组学生的产物合并，得到足够的数量，供配制 5% 的乙醇溶液（表 3-5 中所引的是纯物质的旋光度。但我们所测定是用 95% 乙醇配制成 5% 的乙醇溶液进行的。为了便于比较，可向药品室领取已知化合物的乙醇液，并测定其旋光度）。

（5）测定红外光谱。橘皮油主要成分是 10 种化合物中的一种，见表 3-5。当有了初步结论后，再用 IR 和 NMR 谱图进一步校核结论。必要时可查所认定的化合物之标准谱图进行确证，在报告中要阐明如何排除其他 9 种化合物，并对所选择的各项数据进行说明。

表 3-5 橘皮油可能含有的物质的结构及物理性质

$C_{10}H_{16}$	结构	bp. /℃	n_D^{20}	$[\alpha]_D^{25}$
(＋)-3,7,7-三甲基双环[4.1.0]-3-庚烯		172	1.473	＋17.7
(＋)-3,7,7-三甲基双环[4.1.0]-2-庚烯		167	1.471	＋62.2
(＋)-4-异丙烯基-1-甲基环己烯		171	1.472	＋125.6
3,7-二甲基-1,3,7-辛三烯		176～178	1.478	
4-亚异丙基-1-甲基环己烯		185	1.482	
(－)-7,7-二甲基-2-亚甲基双环[2.2.1]庚烷		157～159	1.471	－32.2
(－)-5-异丙基-2-甲基-1,3-环己二烯		175～176	1.477	－44.4
(＋)-6,6-二甲基-2-亚甲基双环[3.1.1]庚烷		164～166	1.474	＋28.6
(＋)-1-异丙基-2-亚甲基双环[3.1.0]己烷		163～165	1.486	＋89.1
1-癸烯-4-炔	$CH_3(CH_2)_4C{\equiv}CCH_2CH{=}CH_2$	73～74	1.444	

安全指南：低相对分子质量的二氯烷烃都是有毒物质，但毒性差别很大。二氯甲烷的毒性约为 1，1-二氯乙烷或三氯化物（如氯仿毒性）的 1/5。它不易燃烧，但有高度挥发性，应防止吸入，避免触及眼睛和皮肤。

实验所需时间：8 学时

制备实验 41 从黄连中提取黄连素

【实验原理】

本实验提供一种从中草药中提取有效成分的方法。

黄连、黄柏、三颗针等中草药中，主要有效成分是黄连素，又称小檗碱，它具有很强的杀菌能力，是临床上广泛应用的药物。

黄连素是黄色针状结晶，微溶于冷水和冷乙醇，易溶于热水和热乙醇，几乎不溶于乙醚。在中草药中，黄连素多以季铵碱形式存在，其结构式是：

方法一

【药品】

黄连 5g，6mol·L⁻¹ HCl，浓 H_2SO_4，$Ca(OH)_2$，NaCl，$CHCl_3$，乙醇，甲醇，层析氧化铝，羧甲基纤维素钠。

【实验步骤】

取 5g 黄连，尽量磨碎，放入 250mL 烧杯中，加入 100mL 1∶49（体积比）H_2SO_4 溶液。搅拌加热至微沸[1]，并保持微沸 0.5h。要不时加水，保持原有的体积。然后稍冷，抽滤，除去不溶残渣。

向滤液中加入 NaCl 固体使之饱和（约 17g），再加 6mol·L⁻¹ HCl 调节至强酸性（pH＝1～2）。静置 0.5h，析出粗盐酸黄连素，抽滤。将滤饼转入烧杯中加水 25mL，加热溶解，然后按计量关系加 $Ca(OH)_2$（或 CaO）粉末，并用石灰水调至 pH 值 8.5～9.8。趁热抽滤，将滤液转入 50mL 小烧杯中，蒸发浓缩至 10mL 左右，冷却，即有黄连素晶体析出。抽滤，得黄连素粗制品。于 50～60℃下烘干，称重，计算收率。

用层析氧化铝制备层析板：10mL 1‰羧甲基纤维素钠溶液中加 5gAl_2O_3 搅匀，铺板，活化。

取少量黄连素结晶，溶于 1mL 乙醇中。用毛细管吸取黄连素乙醇溶液在薄层板上点样。以 9∶1 的氯仿-甲醇溶液为展开剂，将点样的薄层板展开。计算黄连素的 R_f 值。

【注释】

[1] 如果温度过高，溶液剧烈沸腾，则黄连中的果胶等物质也被提取出来，使得后面的过滤难以进行。

实验所需时间：4 学时。

方法二

【药品】

黄连 5g，浓硫酸 2mL，氧化钙，氯化钠。

【实验步骤】

1. 提取

称取 5g 研细黄连，放入 250mL 烧杯中，加入 100mL 1∶49（体积比）硫酸溶液，搅拌加热至微沸，保持微沸 0.5h[1]，加热过程中，需及时补水，保持原有体积。加热结束后，趁热抽滤，除去不溶解的残渣，得到黄连素硫酸盐溶液。

2. 碱化处理

将滤液转入 250mL 烧杯中，加入 3～3.5g CaO，煮沸，充分搅拌 5min，测溶液 pH 值，使 pH 值达到 8～9，继续搅拌 2min，趁热抽滤，滤液为黄连素溶液。

3. 盐析

将滤液转入 250mL 烧杯中，使溶液温度维持在 40～50℃，加入 20～30g NaCl，制成 NaCl 的饱和溶液，充分搅拌后，放在冰水浴中静置 30min，使黄连素充分析出，抽滤，在

80℃下干燥 10min，称重，计算提取率。

【注释】

［1］温度不宜太高，防止果胶析出。

实验所需时间：4 学时。

思　考　题

1. 在从黄连中提取黄连素的实验中，要求在搅拌下加热至微沸，为什么？
2. 简要分步写出从黄连中提取黄连素的实验步骤？

制备实验 42　从桂皮中提取肉桂醛

【实验原理】

本实验用水蒸气蒸馏法提取挥发性油（肉桂油），并用红外光谱和制备衍生物法鉴定化合物。

肉桂油的主要成分是肉桂醛（E-3-苯基丙烯醛）。

肉桂醛为无色或浅黄色液体，bp 252℃，mp 7.5℃，d 1.052，n_D^{20} 1.622，不溶于水。

肉桂醛与氨基脲反应，形成结晶型衍生物肉桂醛缩氨脲：

$$\text{C}_6\text{H}_5\text{—CH=CHCHO} + \text{H}_2\text{NNHCNH}_2 \xrightarrow{\text{O}} \text{C}_6\text{H}_5\text{—CH=CH—CH=NNHCNH}_2$$

肉桂醛缩氨脲 mp 215℃。也可以制成苯腙等衍生物。

【药品】

肉桂皮 15g，氯仿 20mL，无水乙醇，氨基脲盐酸盐，甲醇，无水乙酸钠。

【实验步骤】

取 15g 粉碎的肉桂皮放入 100mL 烧瓶中，加 20mL 水，进行水蒸气蒸馏。当收集 100mL 馏出液时，停止蒸馏。将馏出液移入分液漏斗，每次用 10mL 氯仿萃取两次。合并氯仿层，小心地转入 50mL 圆底烧瓶中，安装蒸馏装置，水浴加热，回收氯仿。当蒸馏瓶内有 4～6mL 液体时，停止蒸馏。将残液移入一已称重的 50mL 烧杯中，在通风橱中用沸水浴加热，蒸发掉残余的氯仿。擦去烧杯外部的水，风干称重，闻气味。测折射率，计算收率（以肉桂皮为基准）。

取少量肉桂油，测定红外光谱，解释几个主要峰。肉桂醛的红外光谱见图 3-31。

肉桂醛缩氨脲的制备：在一干试管中加入 0.2g 氨基脲盐酸盐、0.3g 无水乙酸钠、3mL 无水乙醇和 0.3g 肉桂油，在热水浴上加热 2min。加 2mL 水，在水浴上再加热 3min。冷却反应混合物，使肉桂醛缩氨脲结晶。抽滤，用最少量的甲醇重结晶，抽滤，晾干，测定

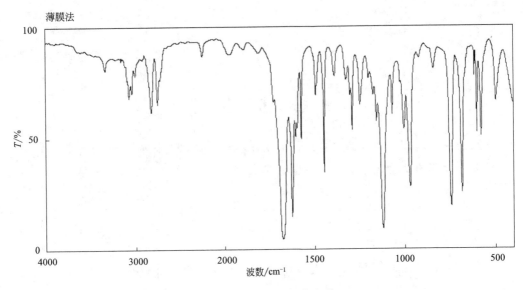

图 3-31　肉桂醛的红外光谱

熔点。

实验所需时间：6 学时。

思　考　题

1. 为了鉴定肉桂醛，还可以选择什么合适的衍生物？写出反应方程式。
2. 肉桂醛的红外光谱有几个特征峰？试分别作出解释（何种官能团，何种类型振动）。

制备实验 43　从茶叶中提取咖啡碱

【实验原理】

本实验采用溶剂提取法制得咖啡碱粗产品，再经升华或重结晶得到纯产品。

茶叶中含有多种属于黄嘌呤衍生物的生物碱，其中以咖啡碱（又称咖啡因）为主，含量为茶叶的 1%～5%。另外还含少量茶碱和可豆碱。此外，茶叶中还含有 11%～12% 的单宁（包括可水解和非水解的单宁两类）以及约 0.6% 的色素、纤维素和蛋白质。

咖啡因

本实验采用热水和氯仿分两次进行提取。在热水提取得到的茶汁中，除生物碱外，还含有一些单宁物质，其中可水解的单宁已水解为游离的五倍子酸，它们均呈弱酸性，与 $CaCO_3$ 或 Na_2CO_3 反应可生成钙盐或钠盐。此类盐不溶于氯仿，故在氯仿提取中被去除。

茶汁的褐色来源于黄酮类色素和叶绿素及各自的氧化产物。除叶绿素稍溶于氯仿外，大多数此类物质不溶。再经升华或重结晶即可得纯产品。

方法一：水煮法

【药品】

茶叶 10g，$CaCO_3$ 粉末 8g 或 Na_2CO_3 14g，氯仿。

【实验步骤】

将 10g 干燥的茶叶、8g $CaCO_3$ 粉末或 14g Na_2CO_3 和 100mL 蒸馏水放入 250mL 圆底烧瓶中。安装回流装置，加热回流 25min，停止回流。或采用下面的方法：称取 10g 干茶叶和 14g 碳酸钠，置于 250mL 烧杯中，加入 100mL 蒸馏水，煮沸 30min，不断搅拌（加热时需补加适量水，使之始终保持 100mL）。用一小团脱脂棉塞住漏斗颈趁热过滤。滤液用 250mL 烧杯收集，冷却至室温，移入 250mL 分液漏斗。每次用 10mL 氯仿提取两次（注意检验氯仿在上层还是下层）。合并两次氯仿提取液，倒入 50mL 干燥蒸馏烧瓶中，安装好蒸馏装置，水浴加热，收集氯仿并回收。当蒸馏瓶中剩余 3mL 左右的溶液时，停止蒸馏。趁热将溶液倒入一个干燥洁净的表面皿中，以蒸汽浴或空气浴蒸发至干，得粗产品。称重，计算提取收率。

合并 2～3 个组的粗产品，做升华实验（见 2.12 常压升华）。做咖啡碱升华时，始终都须小火间接加热。温度太高会使滤纸炭化变黑，且产品易被一些有色物质污染。观察产品的外观，并测定熔点和红外光谱。

咖啡碱是 1,3,7-三甲基黄嘌呤，白色针状晶体，无臭，味苦，于空气中有风化性，100℃时失水，升华，mp 236℃，为弱碱性物质。溶于水、丙酮、乙醇和氯仿中，难溶于乙醚和苯。其水溶液对石蕊试纸呈中性反应。

咖啡因的红外光谱图见图 3-32。

实验所需时间：4 学时

方法二：用索氏提取器提取

【药品】

茶叶末 5g，95％乙醇 50mL，生石灰粉 2g。

【实验步骤】

5g 茶叶末装入滤纸套筒中，小心地放入索氏提取器，圆底烧瓶内加入 50mL 95％乙醇和两粒沸石，按图 2-15 安装仪器，回流提取 2h。待溶液刚刚虹吸流回烧瓶时，立即停止加热。

改装蒸馏装置，蒸出大部分乙醇并回收。将 5～10mL 残液倒入蒸发皿中，加入 2g 研细的生石灰粉，在玻璃棒不断搅拌下在蒸汽浴上将溶剂蒸干。再在石棉网上用小火小心地将固体焙干。

将一直径大于蒸发皿口径的滤纸刺若干小孔罩在蒸发皿上，滤纸上倒扣一个口径与蒸发皿相当的长颈漏斗，用小火小心加热升华。当滤纸上出现针状白色结晶时，暂停加热。稍冷后仔细收集滤纸正反面的咖啡因晶体。残渣经拌和后用稍大的火再次升华。合并产品后，称重，测熔点。

实验所需时间：6 学时。

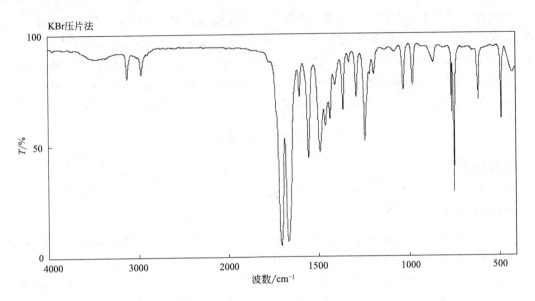

图 3-32　咖啡因的红外光谱图

思 考 题

1. 咖啡碱溶于水、乙醇、丙酮、氯仿。为什么用氯仿提取而不用乙醇、丙酮提取？

2. 实验过程中为什么加弱碱 $CaCO_3$ 或 Na_2CO_3，加碱量多少对产率有何影响？对产品纯度有无影响？

第4章 有机化合物官能团检验与元素定性分析

4.1 元素定性分析

4.1.1 碳和氢的定性鉴定

一个化合物如果在强热下炭化，或者在燃烧时冒黑烟，说明其中含碳，但并非所有的有机化合物都如此。因此，通常检验碳氢元素的方法是将试样与干燥的氧化铜粉末混合加热，使试样中的碳被氧化成 CO_2，氢被氧化为 H_2O，然后分别给予鉴定。

【操作步骤】

将 0.2g 干燥的有机化合物试样和 1g 干燥的氧化铜粉[1]放在表面皿上混合，然后装入干燥的试管中，配上装有导管的软木塞。将试管夹在铁架台上，试管口略低于管的底部，以防止反应生成的水流回到加热部位引起试管炸裂。把导管伸入盛有 2mL 饱和氢氧化钡溶液或澄清石灰水的试管里。加热混合的固体粉末，先用小火，逐渐强热。如果试管壁上有水滴出现，说明试样含氢。如果氢氧化钡溶液或澄清石灰水出现浑浊或沉淀，说明有 CO_2 生成，试样含碳。

4.1.2 硫、氮和卤素的鉴定

硫、氮和卤素是一般有机化合物中除了碳、氢、氧以外最常见的元素。这些元素在有机化合物中一般形成共价键，很难用一般的无机元素定性分析方法直接鉴定。必须将样品分解，使这些元素变成简单的无机离子，再分别加以鉴定。分解样品最常用的方法是钠熔法。金属钠与含有硫、氮、卤素等元素的有机化合物共熔时，生成硫化钠、氰化钠和卤化钠等。

【操作步骤】

钠熔：用镊子取一粒绿豆大小的金属钠[2]放进洁净干燥的小试管中，将试管垂直地夹在铁架台上，用灯焰小心地加热试管底部，使钠熔融。当试管中钠蒸气上升到 10mm 高时，暂时移走，立即加入几粒固体试料或几滴液体试料[3]，使它直接落入试管底部的钠蒸气中。待反应缓和后，重新加热。把试管底部烧到红热，并持续 2min。冷却后加入 1mL 乙醇以销毁剩下的金属钠等。反应停止后，把试管底部再烧到红热，立即将红热的试管底部浸入盛有 10mL 蒸馏水的小烧杯中，使试管炸裂。煮沸，除去大块碎玻片，过滤。滤渣用少量蒸馏水洗涤两次。滤液和洗涤液共约 20mL，应为无色透明的碱性溶液[4][5]。用此溶液做以下的检验。

（1）硫的鉴定

① 硫化铅试验：取 12mL 溶液，用 5％醋酸酸化，再滴几滴 5％醋酸铅溶液。如有黑褐色的硫化铅沉淀生成，表明有硫存在。

② 亚硝基铁氰化钠试样：取 1mL 溶液，加 2～3 滴新配制的 0.1％亚硝基铁氰化钠溶液，如果溶液成紫红色或深红色，表明有硫存在。

$$Na_2S + Na_2[Fe(CN)_5NO] \longrightarrow Na_4[Fe(CN)_5NOS]$$

（2）氮的鉴定（普鲁士蓝试验）

取 2mL 滤液，加几滴 5%氢氧化钠溶液，再加入 4～5 滴 10%硫酸亚铁溶液。煮沸溶液。若有硫，会有黑色沉淀析出，不必过滤，冷却后加 5%盐酸使沉淀溶解[6]。再加几滴 1%三氯化铁溶液，如有蓝色沉淀析出，说明试样含氮[7][8]。

$$6NaCN + FeSO_4 \longrightarrow Na_4[Fe(CN)_6]\downarrow + Na_2SO_4$$
$$\text{普鲁士蓝}$$

（3）卤素的鉴定

① 硝酸银试验：取 1mL 滤液，用 $6mol \cdot L^{-1}$ 硝酸酸化。若试液中含硫或氮，须将此酸性溶液在通风橱中加热煮沸数分钟，以除去硫化氢或氰化氢。如有沉淀[9]，则需滤除。加几滴 2%硝酸银溶液。如果有大量黄色或白色沉淀析出，表明有卤素存在。

② 氯、溴、碘的鉴别：取 0.5mL 溶液于试管中，加 5 滴 1% $KMnO_4$ 溶液及 5 滴 $6 mol \cdot L^{-1}$硝酸。将试管振荡 3～5min，加入 15～20mg 草酸晶体，振荡。除去过量的 $KMnO_4$，然后加入 10 滴二硫化碳或四氯化碳。振荡 1～2min 静置，使液体分层。

在下层有机层中出现棕红色，表示有溴或溴与碘同时存在。如果只有碘而没有溴，则有机层呈紫色或浅紫色。如果有机层无色，表明溴与碘都不存在。如果有机层为棕红色，加 2 滴烯丙醇，将混合物振荡，棕色褪去后变为紫色，说明溴与碘同在。如果有机层变为无色，表明只有溴而没有碘。将上层水溶液吸出，放入另一试管中，加 1mL $6mol \cdot L^{-1}$硝酸，微煮沸 2min，冷却后加 2%硝酸银溶液。如有白色沉淀，表明有氯存在[10]。

【注释】

[1] 氧化铜容易从空气中吸收潮气，有时也可能夹带有机杂质。使用前应放在坩埚中强热几分钟，再放在干燥器中冷却。

[2] 用镊子取出一小块金属钠，先用滤纸吸干油，用刀切去表面的氧化膜，再切下绿豆大小一粒备用。切下来的外皮和多余的钠，放回原瓶，不能抛进水槽、废液缸或垃圾箱中，以防发生事故。

[3] 质量约为 50mg。

[4] 如果加入试样时，试管出现裂痕，则不能用乙醇分解反应剩余的钠。在这种情况下可直接将红热的试管浸入蒸馏水中，但必须戴上眼镜，并注意保护面部，以免发生意外的伤害事故。

[5] 如果滤液带有颜色，很可能是样品分解不完全。这种滤液会影响卤素的鉴定，应重新进行钠熔。

[6] 有时过量的硫酸亚铁在碱性溶液中被氧化成高价氢氧化铁，用盐酸酸化时，就可能生成普鲁士蓝沉淀，但常呈绿色。

[7] 如果试样中同时含有硫和氮，钠熔时会生成硫氰化钠。取 1mL 滤液，用 5%盐酸酸化，再加几滴 1%三氯化铁溶液。如果溶液呈红色，表明溶液中有硫氰根。

[8] 氮的检验有时不易得到准确的正性结果，因为有些含氮化合物在钠熔时反应很慢，有些化合物所含的氮易分解成氮气或转变成氨逸出，这样不能形成氰化物。如果有疑问，可用较多量的样品与等量的葡萄糖混合均匀重做钠熔试验。添加葡萄糖可增加试样中的氮转化为氰化物的产率。

[9] 应在通风橱中进行，以保证安全。沉淀是硫。

[10] 如果用 KMnO₄ 和 HNO₃ 氧化时没把碘和溴完全除掉，则沉淀仍为黄色，无法确认氯离子的存在与否。可重复氧化过程，进一步确定氯离子是否存在。

4.2 官能团检验

4.2.1 不饱和烃的鉴定 （C=C、C≡C）

（1） Br₂/CCl₄ 溶液试验

将 5 滴或 0.1g 样品置于试管中，加入 2mL CCl₄，再滴加 5% Br₂/CCl₄。振荡试管，如果溶液不断褪色，表明样品中有不饱和键 （C=C或C≡C）。

（2） 高锰酸钾溶液试验

将 5 滴或 0.1g 样品置于盛 2mL 水或丙酮的试管中，逐滴加入 0.1% KMnO₄ 溶液，同时摇动试管。加到 1mL 以上时溶液仍不显紫色，表明样品中含有不饱和键或还原性官能团。

4.2.2 芳烃的检验

（1） 发烟硫酸试验

在一干试管中加入 1mL 含 20% SO₃ 的发烟硫酸，逐滴加入 0.5mL 样品。用力振荡后静止几分钟。如果样品有强烈放热现象并完全溶解，表明为芳烃。不溶可能是烷烃或环烷烃 （前提是已知该样品只能是芳烃、烷烃或环烷烃中的一种）。

（2） 氯仿-无水三氯化铝试验

在一干燥管中加入 1mL 纯三氯甲烷和 0.1g 或 0.1mL 干燥样品，摇匀。倾斜试管，润湿管壁。沿管壁加入少量无水三氯化铝，观察壁上现象。在本实验条件下，各种芳烃产生如下颜色：

苯及其同系物——橙色至红色　　　　　　　联苯——蓝色
卤代芳烃——橙色至红色　　　　　　　　　萘——蓝色
蒽——黄绿色　　　　　　　　　　　　　　菲——紫红色

4.2.3 卤代烃的检验

（1） 硝酸银的醇溶液试验

$$RX + AgNO_3 \longrightarrow RONO_2 + AgX \downarrow$$

在试管中放入 1mL 饱和的 AgNO₃/C₂H₅OH溶液，加 2 滴样品，振摇后，室温下静置 5min，观察有无沉淀生成。若无沉淀生成，温热 2min，如果有沉淀生成，再加 2 滴 5% HNO₃，振荡后不溶解，说明样品中含有活性卤素。

（2） 稀碱-硝酸银溶液试验

在试管中装入 1~2 滴样品和 1~2mL 5% NaOH 水溶液，加热至沸腾。冷却后取出一部分溶液加入等体积的 3mol·L⁻¹硝酸，再加几滴 2% AgNO₃ 溶液。如有沉淀生成，表明样品中含活性卤素。

4.2.4 醇和酚的检验

（1） 硝酸铈试验 （醇的检验）

① 溶于水的样品：取 0.5mL 硝酸铈溶液［配制方法：200g（NH$_4$）$_2$Ce(NO$_3$)$_6$溶于 500mL 2mol·L^{-1}HNO$_3$中，加热溶解再放冷］于试管中，用 3mL 蒸馏水稀释后，加 5 滴样品，振荡，观察颜色。固体样品可先溶于水中，然后取出 4～5 滴溶液做试验。如果出现红色表明有醇存在。

② 不溶于水的样品：取 0.5mL 硫酸铈溶液于试管中，加 3mL 二氧六环。如有沉淀生成，加 3～4 滴水，振荡使其溶解。然后加 5 滴样品，振荡，出现红色表明有醇。固体样品可溶于二氧六环中进行试验。

（2）溴水试验（酚的检验）

在试管中加入 2～3 滴酚的饱和水溶液和 1mL 水。滴加饱和溴水。若样品为苯酚，则产生白色沉淀。

（3）三氯化铁溶液实验（酚的检验）

取 0.5mL 样品的饱和水溶液，加 1mL 水，再滴加 3～4 滴 1% FeCl$_3$ 溶液，观察颜色变化。酚及具有 C=C—OH 结构的化合物均产生较深的颜色，多为蓝-紫色。

4.2.5 醛和酮的检验

（1）2,4-二硝基苯肼试验（C=O 的检验）

取 2,4-二硝基苯肼[1]试剂于试管中，加 2～3 滴样品，振荡，观察现象。有黄-橙红色沉淀生成的，表明样品中含 C=O [2]。

（2）银镜反应试验

在洁净的试管中加入 2mL 2%硝酸银溶液，滴加 2%氨水直至生成的棕色氧化银溶解为止。加 2 滴样品，立即振荡均匀后，静止几分钟。若无变化，则把试管置于 50～60℃水浴中温热几分钟（不能摇动）。有银镜生成的，表明样品中含醛基[3]。

（3）碘仿反应试验

滴 5 滴试样于试管中，加 1mL 碘溶液[4]，再滴加 5%NaOH 溶液溶解至红色消失为止。观察有无沉淀析出，是否有碘仿气味。如果出现乳白色浊液，把试管置于 50～60℃水浴中温热几分钟。有特殊气味的黄色沉淀（CHI$_3$）生成的，表明样品中含有（—$\overset{O}{\overset{\|}{C}}$—CH$_3$）或能被次碘酸盐氧化成该基团的基团（—CHOHCH$_3$）存在。

【注释】

[1] 2,4-二硝基苯肼试剂的配制：将 2g 2,4-二硝基苯肼试剂溶于 15mL 浓 H$_2$SO$_4$ 中备用。加入 150mL 95%乙醇。以蒸馏水稀释至 500mL。搅拌混合均匀，过滤，滤液储存于棕色瓶中备用。

[2] 某些易被氧化成醛或酮以及易水解成醛（如缩醛）的化合物。

[3] 易氧化的糖、多羟基酚、某些芳胺及其他还原性物质，也可能呈现正性反应。

[4] 碘溶液的配制：将 25g KI 溶于 100mL 蒸馏水中，再加入 12.5g 碘，搅拌使碘溶解。

4.2.6 羧酸及其衍生物的检验

（1）酸性检验

在配有胶塞和导气管的试管中加入 2mL 饱和 NaHCO$_3$ 溶液，滴加 5 滴（或 0.1g）样品。产生的气体用 5% BaCl$_2$ 溶液检验。若出现 BaCO$_3$沉淀表明样品中含有羧基或酸性更强的基团（如 —SO₃H）或能水解成羧基或酸性更强的基团（如酸酐基、酰氯基）。

（2）异羟肟酸试验（酯、酰氯、酸酐的检验）

在试管中加入 1mL 0.5mol·L⁻¹ 盐酸羟胺的乙醇溶液，加入 1 滴样品，并加入几滴 6mol·L⁻¹ NaOH 溶液使之呈碱性。煮沸。冷却后用 5% 盐酸酸化，再加入 1 滴 2% FeCl₃ 溶液。有红-紫色出现的，表明样品中含有酯基或酰卤基或酸酐基。羧基和酰胺基呈阴性。

（3）酰胺的水解（$-\overset{O}{\underset{\|}{C}}-NH_2$ 检验）

在试管中加入 0.5g 样品和 2mL 6mol·L⁻¹ NaOH，煮沸。有 NH₃ 生成的，表明样品中含（$-\overset{O}{\underset{\|}{C}}-NH_2$）基。

4.2.7　胺的检验——亚硝酸试验

取 0.5g 胺类样品于试管中，加 2mL 浓盐酸、3mL 水。搅拌均匀使其溶解，放在冰水浴中冷却到 0℃。另取 0.5g 亚硝酸钠溶于 2mL 水中。将此溶液慢慢滴加到上述冷却液中并加以搅拌，直到混合液使碘化钾淀粉试纸变蓝为止。根据下列情况区别胺的类别。

① 起泡、放出气体、得到澄清溶液的，表明样品为脂肪伯胺。

② 溶液中有黄色固体或油状物析出，加碱不变色，表示为仲胺。加碱全呈碱性时转变为绿色固体，表示为芳香族叔胺。

③ 不起泡，得到澄清溶液时，取溶液数滴加到 5% β-萘酚的氢氧化钠溶液中。若出现橙红色沉淀的，表示为芳伯胺；无颜色，表示为脂肪族叔胺。

4.2.8　糖类的鉴别

（1）还原性检验——银镜反应

操作与 4.2.5 相同（糖配成 5% 溶液）。有银镜生成的，表明样品为单糖或还原性低聚糖。

（2）成脎试验

在试管中加入 2mL 5% 糖溶液和 1mL 苯肼试剂[1]，混合均匀。把试管放在沸水浴中加热。在显微镜下观察析出脎的晶形，据此鉴别糖。不同糖生成脎的时间也可能不同。

（3）淀粉的检验

取 2～3mL 1% 淀粉溶液，加入 1 滴碘溶液，观察其结果。淀粉遇碘呈蓝色，而糊精遇碘显紫红-红色，二糖与原糖遇碘不显色。

（4）纤维素在铜氨溶液中的溶解

在试管中放 3～4mL 透明的铜氨溶液，加入一小块滤纸或脱脂棉。搅拌至几乎完全溶解。再加入 8～10mL 水，观察现象。把混合液倾入盛有 15～20mL 8% 盐酸的大试管中，纤维素析出。

4.2.9　氨基酸和蛋白质的检验

（1）茚三酮试验

在试管中加入 1mL 1% 氨基酸或蛋白质溶液，滴加 2～3 滴 0.2% 水合茚三酮溶液，于沸水浴中加热 15min，有紫红（或蓝紫）色产生。凡含有游离基（—NH$_2$）的化合物均呈正性反应。

（2）缩二脲反应试验

于试管中加入 1～2mL 蛋白质或肽溶液和 1～2mL 20％ NaOH 溶液，再滴加 3～5 滴 0.5％硫酸铜溶液，温热，产生红-蓝或紫色为正性反应。蛋白质或其水解产物肽均呈正性反应。

（3）蛋白质的可逆沉淀

将 2mL 清蛋白溶液放在试管里，加同体积的饱和硫酸铵溶液（约 43％），将混合物稍加振荡，析出蛋白质沉淀使溶液变浑或形成絮状沉淀。将 1mL 浑浊的液体倾入另一试管中，加 1～3mL 水振荡，蛋白质沉淀又重新溶解。碱金属和镁盐有类似的作用。

如果使用重金属盐，则蛋白质会形成永久性沉淀。

【注释】

[1] 2,4-二硝基苯肼试剂的配制：取 1g 2,4-二硝基苯肼溶于 7.5mL 浓硫酸中，再加入 75mL 95％乙醇和 170mL 蒸馏水，搅拌均匀后过滤。滤液放在棕色瓶中保存。

附　　录

附录1　水的饱和蒸气压（1～100℃）

表中之值为水和其本身蒸汽接触时的蒸气压值。若水和温度为 t℃ 的空气接触时，此值必须作如下修正。

温度等于或低于40℃：校正值 $=p(0.775-0.000313t)/100$。

温度高于50℃：校正值 $=p(0.0652-0.0000875t)/100$。

温度/℃	蒸气压/Pa	温度/℃	蒸气压/Pa	温度/℃	蒸气压/Pa
1	656.74	27	3564.90	53	14292.15
2	705.81	28	3779.55	54	15000.09
3	757.94	29	4005.40	55	15737.36
4	813.40	30	4242.85	56	16505.30
5	872.33	31	4492.30	57	17307.90
6	934.99	32	4754.67	58	18142.50
7	1001.65	33	5030.12	59	19011.76
8	1072.58	34	5319.29	60	19915.69
9	1147.77	35	5622.87	61	20855.61
10	1227.76	36	5941.24	62	21834.20
11	1312.42	37	6275.08	63	22848.78
12	1402.28	38	6625.05	64	23906.02
13	1497.34	39	6991.69	65	25003.27
14	1598.13	40	7375.92	66	26143.17
15	1704.92	41	7778.02	67	27325.74
16	1817.72	42	8199.32	68	28553.64
17	1937.17	43	8639.28	69	29828.20
18	2063.43	44	9100.58	70	31157.42
19	2196.75	45	9583.21	71	32517.31
20	2337.81	46	10085.83	72	33943.86
21	2486.46	47	10612.46	73	35423.74
22	2643.38	48	11160.41	74	36956.94
23	2808.83	49	11735.03	75	38543.48
24	2984.69	50	12333.65	76	40183.34
25	3167.20	51	12958.93	77	41876.54
26	3360.92	52	13610.87	78	43636.39

续表

温度/℃	蒸气压/Pa	温度/℃	蒸气压/Pa	温度/℃	蒸气压/Pa
79	45462.91	87	62488.17	95	84513.01
80	47342.75	88	64941.30	96	87675.42
81	49289.26	89	67474.42	97	90935.15
82	51315.76	90	70095.54	98	94294.87
83	53408.92	91	72800.65	99	97757.25
84	55568.74	92	75592.42	100	101324.96
85	57808.55	93	78473.51		
86	60115.03	94	81446.60		

附录2 实验室中常用试剂的性质

溶剂	bp/℃	mp/℃	相对分子质量	相对密度 20℃	溶解度[①] /(g/100mL 水)	与水共沸物 bp/℃	与水共沸物 含水量/%
环己烯	83.0	−103.5	82.15	0.8094	0.021[25]	70.8	10
环己醇	161.1	25.2	100.01	0.9416[30]	3.8	97.9	79
正溴丁烷	101.6	−112.4	137.03	1.2686[25]	不溶		
正丁醚	142.4	−97.9	130.22	0.7689	0.03	94.1	33.4
苯甲醛	178.9	−26	106.12	1.0447	0.3		
苯甲酸	133[10mm]	122.4	122.12	1.080	0.29		
苯甲醇	205.45	−15.3	108.13	1.0413[25]	0.08	99.9	91.0
乙酐	140.0	−73.1	102.09	1.082[15]	13		
苯乙酮	202.08	19.62	120.15	1.0238[25]	0.55		
苯酚	181.8	40.9	94.11	1.0576[41]	6.7	99.5	90.79
对硝基苯酚	279	112～114	139.11	1.495	溶解		
邻硝基苯酚	214～216	44～45	139.11	1.495	微溶		
苯胺	184.40	−5.98	93.13	1.0217	3.5[25]		
乙酰苯胺	304	114.3	135.17	1.219[15]	0.56[25]		
环己酮	155.7	−45-7	98.15	0.9478	15[10]	95.0	61.6
己二酸	337.5	152	146.14	1.360[25]	1.4		
肉桂酸	300	134	148.16	1.2475[4]	0.05		
二氯甲烷	40.5	−96.7	84.93	1.3255	1.32[25]	38.1	1.5
乙醚	34.6	−116.3	74.12	0.7134	6.04[25]	34.2	1.2
戊烷	36.1	−129.7	72.15	0.6262	0.036	35	1
氯甲烷	−24.22	−97.7	50.49	0.92	0.48[25]	39	2
二硫化碳	46.26	−111.6	76.14	1.261[22]	0.29	43.6	2.0

续表

溶剂	bp/℃	mp/℃	相对分子质量	相对密度 20℃	溶解度[①] /(g/100mL 水)	与水共沸物 bp/℃	含水量/%
丙酮	56.24	−95.35	5.088	0.7908	∞	无	—
氯仿	61.7	−63.59	119.39	1.4985^{15}	0.82	56.3	3.0
甲醇	64.7	−97.7	32.04	0.7913	∞	无	—
四氢呋喃	66	−108.5	72.11	0.8892	∞	64	5
己烷	68.7	−95.4	86.18	0.6594	不溶	62	6
四氯化碳	76.7	−22.9	153.82	1.5867	不溶	66.8	4.1
乙酸乙酯	77.1	−84	88.11	0.9006	9.7	70.4	6.1
乙醇	78.3	−114	46.07	0.7894	∞	78.2	4.4
苯	80.10	5.53	78.11	0.8737^{25}	0.172	69.4	8.9
丁酮	79.6	−86.7	72.11	0.8049	24.0	73.4	12.0
环己烷	80.7	6.5	84.16	0.7786	0.01	70	8
乙腈	81.60	−43.8	41.05	0.7857	∞	76.5	16.3
三乙胺	89.6	−114.7	101.19	0.7326^{25}	∞	75.8	10.0
水	100.00	0.00	18.02	1.000^{4}	—	—	—
甲酸	100.8	8.5	46.03	1.220	∞	107.1	22.5
1,4-二氧六环	101.2	11.7	88.10	1.0329	∞	87.8	18.4
甲苯	110.6	−95.0	92.14	0.8660	不溶	85.0	20.2
吡啶	115.2	−41.6	79.10	0.9782^{25}	∞	92.6	43.0
正丁醇	117.7	−88.6	74.12	0.8097	7.4	93.0	44.5
乙酸	117.90	16.63	60.05	1.0492	∞	无	—
氯苯	131.7	−45.3	112.56	1.1063	0.049^{30}	90.2	28.4
N,N-二甲基甲酰胺	153.0	−60.4	73.10	0.9445^{25}	∞	无	—
二甲亚砜	189.0	18.5	78.13	1.100	溶解	无	—
乙二醇	197.6	−13	62.07	1.1135	∞	无	—
硝基苯	210.8	5.8	123.11	1.205^{15}	0.19	99	88
三乙醇胺	335.4	21.6	149.19	1.1242	∞	—	—
邻苯二甲酸二甲酯	282	67~68	194.19	1.194	0.43	无	—
乙酸丁酯	97.8	—	111.16	0.8665	难溶	90.2	28.7
异丙醇	82.5	−88	60.10	0.7851	∞	80.4	12.1
氯乙酸	188	61~63	94.50	1.58	溶解	—	—
苯氧乙酸	285	99	152	—	微溶	—	—

① 除说明外，温度为 20℃。

附录 3 常用酸碱溶液的密度和浓度

盐　酸

质量分数/%	相对密度 d_4^{20}	溶解度/(g/100mL 水)	质量分数/%	相对密度 d_4^{20}	溶解度/(g/100mL 水)
1	1.0032	1.003	22	1.1083	24.38
2	1.0082	2.016	24	1.1187	26.85
4	1.0181	4.072	26	1.1290	29.35
6	1.0279	6.167	28	1.1392	31.90
8	1.0376	8.301	30	1.1492	34.48
10	1.0474	10.47	32	1.1593	37.10
12	1.0574	12.69	34	1.1691	39.75
14	1.0675	14.95	36	1.1789	42.44
16	1.0776	17.24	38	1.1885	45.16
18	1.0878	19.58	40	1.1980	47.92
20	1.0980	21.96			

硫　酸

质量分数/%	相对密度 d_4^{20}	溶解度/(g/100mL 水)	质量分数/%	相对密度 d_4^{20}	溶解度/(g/100mL 水)
1	1.0051	1.005	70	1.6105	112.7
2	1.0118	2.024	80	1.7272	138.2
3	1.0184	3.055	90	1.8144	163.3
4	1.0250	4.100	91	1.8195	165.6
5	1.0317	5.159	92	1.8240	167.8
10	1.0661	10.66	93	1.8279	170.0
15	1.1020	16.53	94	1.8312	172.1
20	1.1394	22.79	95	1.8337	174.2
25	1.1783	29.46	96	1.8355	176.2
30	1.2185	36.56	97	1.8364	178.1
40	1.3028	52.11	98	1.8361	179.9
50	1.3951	69.76	99	1.8342	181.6
60	1.4983	89.90	100	1.8305	183.1

氢氧化钠溶液

质量分数/%	相对密度 d_4^{20}	溶解度/(g/100mL 水)	质量分数/%	相对密度 d_4^{20}	溶解度/(g/100mL 水)
1	1.0095	1.010	26	1.2848	33.40
5	1.0538	5.269	30	1.3279	39.84
10	1.1089	11.09	35	1.3798	48.31
16	1.1751	18.80	40	1.4300	57.20
20	1.2791	24.38	50	1.5253	76.27

氨　　水

质量分数/%	相对密度 d_4^{20}	溶解度/(g/100mL 水)	质量分数/%	相对密度 d_4^{20}	溶解度/(g/100mL 水)
1	0.9939	9.94	16	0.9362	149.8
2	0.9895	19.79	18	0.9295	167.3
4	0.9811	39.24	20	0.9229	184.6
6	0.9730	58.38	22	0.9164	201.6
8	0.9651	77.21	24	0.9101	218.4
10	0.9575	95.75	26	0.9040	235.0
12	0.9501	114.0	28	0.8980	251.4
14	0.9430	132.0	30	0.8920	267.6

碳酸钠溶液

质量分数/%	相对密度 d_4^{20}	溶解度/(g/100mL 水)	质量分数/%	相对密度 d_4^{20}	溶解度/(g/100mL 水)
1	1.0086	1.009	12	1.1244	13.49
2	1.0190	2.038	14	1.1463	16.05
4	1.0398	4.159	16	1.1682	18.69
6	1.0606	6.364	18	1.1905	21.43
8	1.0816	8.653	20	1.2132	24.26
10	1.1029	11.03			

参考文献

[1] 北京大学化学系有机化学教研室．有机化学实验．北京：北京大学出版社，1990．

[2] 兰州大学、复旦大学化学系有机化学教研室．有机化学实验．第2版．北京：高等教育出版社，1994．

[3] 曾昭琼．有机化学实验．第3版．北京：高等教育出版社，2000．

[4] 武汉大学化学与分子科学学院实验中心．有机化学实验．武汉：武汉大学出版社，2003．

[5] 李霁良．微型半微型有机化学实验．北京：高等教育出版社，2003．

[6] 李明，李国强，杨丰科．基础有机化学实验．北京：化学工业出版社，2004．

[7] 刘湘，刘士荣．有机化学实验．第2版．北京：化学工业出版社，2014．

[8] 李莉．有机化学实验．北京：石油工业出版社，2008．

[9] 郭书好．有机化学实验．武汉：华中科技大学出版社，2008．

[10] 曹健，郭玲香．有机化学实验．第2版．南京：南京大学出版社，2013．